青少年心理成长学校

不做内耗的小孩

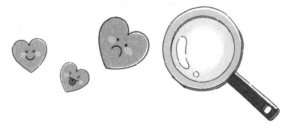

故事工坊 · 著

化学工业出版社
· 北京 ·

内容简介

《青少年心理成长学校　不做内耗的小孩》是一本专为中小学生设计的心理学读物。

你有没有过这样的经历：越是被禁止的事情越想做？或者在买东西时，别人买了的自己就也想买？和好朋友吵架了，不知如何挽回？在这本书中，我们会遇到金欣理——一个外表是普通同学，内在却是心理学博士的神秘人物。同学们都称她为"问题终结者"，遇到任何问题都可以去金欣理咨询室寻找答案。金欣理通过明浩、小夏和小冬、泰然等人遇到的问题，引出了卡里古拉效应、企鹅效应、白鹭效应等心理学知识，帮助他们更好地处理日常生活中的问题，还探讨了流行与模仿心态、意识与无意识、如何避免确认偏见等话题，旨在提高孩子的心理素养，帮助他们更好地认识自己和他人，处理日常生活中的小烦恼，促进心理健康成长。

素材提供：安尼卡菲特公司（AnyCraft-HUB Corp.）、北京可丽可咨询中心。
Parts of the contents of this book are provided by oldstairs.

图书在版编目（CIP）数据

不做内耗的小孩 / 故事工坊著 . -- 北京 ： 化学工
业出版社 ， 2024. 10. --（青少年心理成长学校）.
ISBN 978-7-122-46193-3

Ⅰ．B84-49

中国国家版本馆 CIP 数据核字第 2024FX2337 号

特约策划：东十二　　　　　　　　　　文字编辑：李锦侠
责任编辑：丰　华　　　　　　　　　　内文排版：盟诺文化
责任校对：李露洁　　　　　　　　　　封面设计：子鹏语衣

出版发行：化学工业出版社（北京市东城区青年湖南街13号　邮政编码100011）
印　　装：北京宝隆世纪印刷有限公司
710mm×1000mm　1/16　印张12　字数115千字　2025年1月北京第1版第1次印刷

购书咨询：010-64518888　　　　　　　售后服务：010-64518899
网　　址：http://www.cip.com.cn
凡购买本书，如有缺损质量问题，本社销售中心负责调换。

定　　价：49.80元

前言

　　大家对自己了解多少呢？我想，应该没有多少人能很自信地说出"非常了解"吧。其实要弄明白自己的内心也不是一件容易的事情。我们能回答自己喜欢吃什么食物、100米短跑能跑几秒、最亲近的朋友是谁，但是生气的时候是什么表情、什么时候会觉得孤单、想成为什么样的人，这些问题的答案我们好像需要思考很久。

　　认识"我"自己，是一件非常重要的事情。探索内心真正的自我，才是让温室里的花朵成长为参天大树的养料。了解自我，能够帮助我们明白自己是一个怎样的人，还能帮助我们学会自尊与自爱。

　　我们的个子变高了，并不意味着内心也自然成熟了。我们需要不断地努力和练习，去探索自己的内心。探索自我和这个世界，才会让我们的内心成长起来。让我们花一些时间，来看一看我们的内心都装着哪些东西。我们会感受到我们的内心正在变得更加强大。

　　在这套书里，我们能学会解决一个又一个在日常生活中可能遇到的烦恼，给大家种下勇敢直面自我的种子。

　　本书并不需要从头开始一页一页地翻看，从最想知道答案的部分开始看吧。学会审视自己内心的方法，会让我们变得更加包容，拥有更加开阔的眼界。

　　那么，我们现在就开始探索自己的内心吧！

目录

第四章
大壮的故事

我也不知道为什么
总是在生气 /92

金欣理的心理咨询室

第五章
武明的故事

没有人气的我也能
当班长吗 /120

金欣理的心理咨询室

第六章
元鹏的故事

什么？A型血的人不都
是小心眼吗 /154

金欣理的心理咨询室

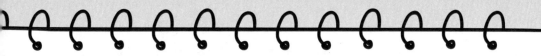

· 备忘录 ·

　　有哪些事情让你非常焦虑，总是控制不住地想得自己心烦意乱？

第一章

越是不让我做的事情
我就越要做怎么办

"来，大家回到自己的座位上。"

老师用手敲了敲老旧的讲台，教室里三五成群的同学们纷纷把头转向了老师。连在隔壁走廊都能听得到的吵闹声此时戛然而止，取而代之的是"老师来了"的窃窃私语和找座位的脚步声。等同学们全都看向了讲台，老师才慢悠悠地说：

"明天我们班会转来一个新同学。"
"新同学？"

因为老师的一句话，叽叽喳喳的声音不知道又从哪个角落开始传开了。老师不得不提高了音量，才把台下的声音压了下去。

"不过，教室里这么乱，新同学会不会不喜欢呢？大家放学后多留 10 分钟，来打扫一下教室怎么样？"

就在 5 分钟前，大家还聚在教室后面商量放学后要去哪里。要去踢球的和要去逛小吃街的同学们纷纷表现出不太情愿的样子。老师为难地看了看手表，然后用手指向了第二组第三排的明浩。

"我还有其他的工作……打扫教室的事就由班长——明浩来负责吧。"
"啊？"

刚才还在认真地写兴趣班作业的明浩此时猛地抬起头，他并没有留意到其他同学的牢骚。老师笑着看向明浩，可明浩张着嘴在座位上一动不动，不知道该怎么办才好。

　　"明浩一定可以带大家一起把教室打扫好，对不对？"
　　"啊……对。"

　　一头雾水的明浩点了点头。虽然他回答得并不爽快，但老师还是高声和大家说了"再见"，走出了教室，很快便从同学们的视线中消失了。

　　"老师走了吗？"
　　"嗯，看来是真的有事。"
　　"是吗？那咱们赶紧回家吧！"

　　班里的淘气鬼——贤植先发了个"信号弹"。还在互相看眼色、在想要不要回家的同学们纷纷开始收拾书包。明浩马上从座位站起来，向大家喊道：

　　"大家没听到班主任的话吗？要先做完大扫除才能回家！"

　　大家一边嘻嘻哈哈一边面带不满地看向明浩。这眼神好像带着尖刺，一下又一下地扎进了明浩的心里。

　　"这不是挺干净的吗，有什么可打扫的？"

"就是！我妈妈让我一放学就回家，回去晚了会被批评的！"

"你要是喜欢做大扫除，那你就自己做吧。"

明浩也想向朋友们大喊："我也不喜欢做大扫除。可这是老师安排的。你们要是都回家了，这么大的教室就要我一个人来打扫了！"但是他没有喊出来，而是紧闭嘴唇——不知道为什么，感觉眼泪马上就要夺眶而出了。

"明浩，你是班长，你看着办。"

"没错，我们可要回家了。"

明媚的阳光从窗外洒了进来，可此时明浩却非常心烦。要是能下场雨该多好啊。明浩一边走向窗边，一边想象大家在雨天都没带伞而不得不被困在教室里。这样大家就可以跟我一起做大扫除了，明浩不禁这样暗想。

公主的

我的

这时，从远处传来了一个陌生的声音。

"哇，这也太好玩了吧！"

明浩瞪大了眼睛回头一看，原来是一个从来都没见过的孩子，正在兴高采烈地擦着储物柜上的涂鸦。

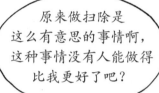

原来做扫除是这么有意思的事情啊，这种事情没有人能做得比我更好了吧？

已经背上书包的同学们见此情景，都围了过来。而这个陌生的孩子自顾自地擦着储物柜，擦得相当卖力，根本没有理会别人的窃窃私语。

"喂，别骗人了！做扫除哪里好玩了？比做扫除有意思的事情可太多了。"

身材高大的健泰向前靠近了一步，挑衅地说着。那孩子这才回过头，张开双臂，把他拦在了储物柜前。

"别靠太近了，说了我要一个人干，不会分给你干的！好玩的事情要自己做才更好玩。"

听到这话，健泰皱起了眉头。平时，健泰都是跟爸爸妈妈和老师反着来的，和朋友在一起的时候也是如此。大家要往左走的时候，他偏要往右走；别人要往前走的时候，这家伙就偏要往后退。这孩子的话立刻惹恼了健泰。

"就凭你？不给我干又能怎样？我抢你的来做不就得了！"

"光抢有什么用。别小看这活，这可需要高超的技术，我看你们都不会做吧？"

健泰气得冒火，其他同学在他身后围成了一个圈，纷纷表示不服。

"你怎么知道我们会不会做？"

"对啊，这种活我也能干好！"

"我也是！我也是！我在家最擅长做家务了！"

　　大家的声音越来越大，争先恐后地开始讲述自己做家务的"光辉事迹"。这里好像瞬间变成了"谁最会打扫卫生大赛"的现场，热闹极了。大家说得热火朝天，纷纷把书包丢在了一边。那个陌生的孩子不知道什么时候站到了一旁，意味深长地看着这场面。

　　"好呀，那你们别光动嘴，做给我看看啊！"

"做就做，就在这里一决高下吧！"

大家撸起了袖子，各自拿起了扫帚、刷子、海绵和抹布，兴致高昂地在教室里做起了大扫除。当然，在打扫的过程中也没忘记炫耀自己做扫除有多厉害。

"你，你该不会是什么……大扫除的精灵吧？是不是？"

就算是亲眼所见，明浩也不敢相信眼前发生的一切。他走到这个孩子身边，悄声问道。突然出现的这个人，竟然能让班里的同学们乖乖地做起了大扫除，简直太不可思议了。只有精灵才能做到这一切。

"精灵？凭我金欣理的美貌倒也算得上是精灵了。"

她噗嗤一声，开玩笑地回答了明浩。

"那你是魔法师吗？"

明浩又问了一句，她连忙摇了摇头。

"那你到底是谁啊？"

"我？我就是全世界最厉害的心理学博士——金欣理。我看你正因为一些事情而烦恼，所以帮了点小忙——用了我的特殊技能。"

心理学？博士？特殊技能？这巨大的信息量让明浩有些头晕目眩。

"不是精灵，也不是魔法师，那你倒是说说你是怎么帮我的啊。"

"你可能没听说过，心理学中有一个效应，叫卡里古拉效应。"

"咕儿呱效应？"

"我说的是卡里古拉效应，就是越不让你做的事情就越想做的心理！"

就像他们。金欣理指了指大家。明浩似懂非懂地点了点头。看见他们的行为，明浩好像明白一点了。

金欣理的心理咨询室

卡里古拉效应是什么?

　　是指对被禁止的事情更感兴趣的现象,指越是不让做的事情就越想做的"逆反心理"。看到明明不让大家打扫卫生,却都撸起袖子做大扫除的样子了吧?

很久以前,在罗马帝国时期,有个皇帝叫卡里古拉,所有人都很爱戴他。

但就在成为皇帝后的第七个月,他患上了非常严重的疾病。

呜呜,太难受了。

从此,性格开始变得残暴且叛逆。

给我拿刀来!马上!

暴躁!

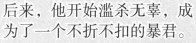

后来，他开始滥杀无辜，成为了一个不折不扣的暴君。

当然，卡里古拉充满传奇色彩的故事可能出自他的政治对手。

啊哈，这个叛逆的问题太经典了。

从那以后，人们把越不让你做的事情就越想做的现象，

咕儿呱

叫作"卡里古拉效应"。

卡里古拉

"原来如此，我还以为是什么魔法咒语呢。"

明浩没那么紧张了，长舒了一口气。不过，明浩也好奇起来，猛地回头问道：

"那你说，我们为什么会唱反调呢？卡里古拉……咕儿呱……莫非我们不是从猴子进化来的，青蛙才是我们的祖先？好像也不对……"

哈哈哈！欣理听到明浩的话大笑起来。她在口袋里翻找着什么，然后向明浩伸出两个拳头。明浩还没来得及问这是在做什么，欣理就张开了右手。

啊……这是什么？
哪里来的青蛙？

　　一只青蛙趴在欣理的右手上，紧接着跳到了最近的桌子上。这只青蛙小到可以放在欣理的手心里。青蛙把桌子当作跳板，一跳一跳地转眼就不见了。

　　"那这只手里面有什么？"

　　明浩指着欣理的左手问道。欣理好像没有想告诉他的意思，嘻嘻地笑着，摇了摇头。

　　"不告诉你。"
　　"什么？哪有你这样的！"
　　"这是秘密，哪能随便告诉你？"

　　欣理把拳头藏到了背后。不管明浩朝什么方向伸头都看不见她的拳头，明浩急得直跳脚。

"你到底藏了什么啊？"

明浩来了一个假动作，往左探头的瞬间，把身子转向了右边。被骗的欣理就这样露出了身后的拳头。明浩一把抓住了欣理的拳头，用力掰开了她的手指。

"啊，这不是什么都没有吗？"

一阵空虚感像潮水一般涌来，明浩的肩膀也有气无力地垂了下来。欣理的左手里除了掘出的汗水，没有其他任何东西。欣理用她的那只手拍了拍明浩的肩膀。

"怎么样，我藏得越厉害，你是不是就越好奇？"
"是呀，我刚刚太想知道你手里到底有什么了。"
"卡里古拉效应就是这样产生的。因为别人的原因，导致不能实现自己的想法，就会变得更加好奇。"

明浩把双手深深地插进了口袋里。听完欣理的话，不知道为什么，好像他的口袋里也有一只青蛙在睡觉。

金欣理 的心理咨询室

自由和心理抗拒是什么？

自由是我可以做我想做的事情。这种自由一旦受到威胁，那么为了恢复自由，就会产生心理抗拒。比如，能不能做扫除的选择权被剥夺的时候，就会产生抗拒。

每个人都有自由。饿了可以吃饭，渴了可以喝水，想去哪里就可以去哪里，这就是自由。

这也是人的尊严的体现之一。

可是，当有人强行要求你"快吃饭"或者"快学习"的时候，

你就会觉得自己的自由被别人夺走了，感觉别人说什么才能做什么。

所以会故意做出相反的行为，这是为了找回自己被夺走的自由。

心理学把这种现象叫作"心理抗拒"。

就像是用手按弹簧，按得越用力，弹簧就会跳得越高。我们的内心也是如此，压力越大，抗拒也会越强烈。

心理学家为了更好地了解心理抗拒，做了一项实验。

实验负责人找到了一群大学生作为测试对象，

实验对象招募

好像还挺有意思的！

让他们对四张唱片作出评价，并表示在实验结束后，可以挑选一张喜欢的唱片作为酬劳。学生们为了能拿走唱片，认真地参与了这项实验。

在四张唱片中，选出最喜欢的一张就可以了。

然而到了第二天，学生们听到了一个坏消息。由于运输出现了问题，他们只能从三张唱片中进行挑选了。

因为"可选择"的自由比第一天少了一些，所以学生们抱着失望的心情再次参与了实验。

实验的结果会
如何呢？

无法被选择的那张唱片成为了"最佳唱片"，选择它的人数比前一天整整多了70%。

在得知无法选择那张唱片的时候，想拥有那张唱片的欲望瞬间爆棚。为了捍卫自由，会产生心理抗拒，你的选择也会说变就变。现在你知道了吧？

心理抗拒

看剑，啊啊啊啊！

压迫

"你听过罗密欧与朱丽叶的故事吧？"

欣理像公主一样，双手假装提起裙摆，低头表示问好。明浩不知所措地也弯腰鞠了个躬。

"你应该听过，讲的是罗密欧与朱丽叶出生在有世仇的两个家族，但他们彼此相爱的故事。由于家里人一直反对，最终两个人选择用死亡来证明自己的爱情。"

"你说，他们是不是也陷入了卡里古拉效应？"

"罗密欧与朱丽叶吗？"

"是啊，如果没有父母和兄弟的阻拦，有没有可能他们就不会如此相爱了，你说呢？"

听到欣理的提问，明浩的脑袋"嗡"的一声，像是被打了一棍子。在这之前他从来没有想过这个问题。原来心理学是这么了不起的东西。欣理看到的世界会是多么不一样的世界啊！就在明浩用崇拜的眼神看向欣理时，从教室后面传来一阵呼喊声。

"哦……哈哈，圆满完成！"

明浩回头看到不知何时被打扫得干干净净的教室，差点没认出来这是自己的班级。乱放的东西都回到了原位，满是涂鸦的墙壁也变成了崭新的白墙。原本被贴满黏糊糊的贴纸的储物柜，在窗外洒进来的阳光的照射下发出了耀眼的光芒。

"看到没有？我干得比你强多了！"

健泰挺起胸膛骄傲地说道。其他同学也你一句、我一句地谈论起自己的功劳，脸上满是喜悦和成就感。

明浩没想到他们就这样中了欣理的圈套，完全忘了想要回家这件事。

"真的谢谢大家，我还担心今天要我一个人做大扫除呢……"

"这个结果真是太好了。"明浩先是在心里暗喜，又突然想到要是没有欣理，自己还不知道会吃多少苦头呢。想到独自一个人做扫除做到深夜的画面，明浩不禁打了个寒战。他觉得幸好有欣理在，才没有自己一个人做大扫除，不如一会儿在回家的路上请她吃好吃的吧。明浩转向身旁的欣理，准备发出邀请。

"欣理，我最感谢的就是你了，如果没有你……欸？"

刚刚还在旁边的欣理就这样不见了。明浩伸着脖子看了看周围，连桌子下面都找过了，都没有发现欣理的踪影。虽然一开始确实没搞懂她到底是精灵还是魔法师，但是万万没想到她会像出现时那样无声无息地就消失了。

"怎么回事？我怎么在这儿？"

不知是谁喊了一声。包括明浩在内的所有人都像是从梦里醒来了一样。窗外，盛夏的夕阳格外耀眼，把教室染成了鲜艳的橙红色。不知道怎么办才好的明浩一时间红了脸，不过多亏了这夕阳，红红的脸颊看起来并不是很明显。

　　"是啊，橡胶手套不知道什么时候就戴在手上了。"
　　"啊，我也是！明明想回家来着……"

　　要解释给他们听吗？要是他们觉得被我戏弄了可怎么办？就算要解释，要怎么说才好呢？刚刚提到的心理学效应叫什么来着？明浩的脑袋里已经一团乱麻。卡里……卡里……明浩重复着这两个字，最后还是从人群里偷偷溜走了。

"要走也要说一声再走啊……"

从教室逃出来的明浩慢腾腾地走向了办公室。办公室里只有一半的灯亮着，几位老师正在处理还没有做完的工作。

"报告老师，大扫除做完了。"
"是吗？辛苦了，明浩。果然还得是咱们班长啊！"
"没有没有，这是我应该做的……"

其实，明浩想实话实说是欣理帮的忙，但是没能说出口。愧疚的明浩避开了老师的目光。

"欸？"

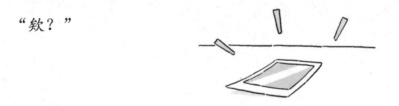

不知为何，明浩觉得这个人十分眼熟，不知不觉把头歪向了一边。老师跟着明浩的眼神，拿起了桌子上的照片，高兴地说道：

"本来明天想给你们一个惊喜的，但是已经看到了就没办法再藏着喽。这就是明天要转来我们班的新同学。"
"什么？新同学？"

明浩的脸突然白得发绿，半张着的嘴里只发出"呃，啊，呃……"的奇怪的声音。

"怎么了，明浩？你哪里不舒服吗？"

老师看着明浩焦急地问道。可是明浩什么也没说，只是摇了摇头。所以，她真的不是精灵，也不是魔术师，更不是什么心理学博士。她……

"竟然是新同学！不可能！"

老师手中的照片上，欣理正笑得开心呢。

第二章

小夏和小冬
的故事

为什么这件东西别人
买了我也想买

"咳咳，你们看！"

有个同学爬上了桌子，大步向前迈出一条腿。原来是喜欢模仿电视明星的雨欣。她的腿像芭蕾舞演员的腿一样修长，脚上穿的正是最近受小朋友喜欢的运动鞋。

"哇，这不是最近超火的明星代言的那双鞋吗？"
"对，对，我超级想买这双鞋！"

同学们聚到桌子周围，抬头看着雨欣的鞋子，忍不住发出赞叹声。他们看着闪闪发光的运动鞋，眼神里充满了羡慕。

"这是昨天我妈妈给我买的，好看吧？"

大家像小鸡啄米一样点了点头。不知道是谁带头说了句"我也想要"，没想到，随后大家接二连三地说出了这句话，教室里出现了阵阵回声。这时，有人突然举起了手。

"放学后和我一起去买鞋的，来这里集合！"

几个小伙伴聚到了她的身边，一边喊着"我！我！"一边自动组起了队。看到这情形，坐在座位上的小冬转过身，伸出手在小夏眼前晃了晃。不管大家有多吵，小夏依然在埋头写作业，只给小冬露出了脑瓜顶。

"小夏，你说好看的那双鞋，我要不要也买一双？"

小冬用手指了指身后。教室的另一边正在讨论可以买到鞋的地点、路程，以及说服大人的方法，讨论得热火朝天。

"这么突然？"

小夏一会儿看看吵闹的人群，一会儿看看小冬，露出了意外的表情。小夏皱了皱眉——看得出她像是对哪里不太满意。

　　"啊，就是说……我看今天大家都会买那双鞋。要是大家都买了，只有我不买的话，会不会有点奇怪。"

　　就在小冬把零散的词语拼凑成借口的时候，小夏抱起胳膊，把头轻轻歪向一边——这是她思考的时候会做的动作。

　　"想买就买吧，我就算了。"

　　听到小夏斩钉截铁的回答，小冬忍不住反问道：

　　"真的吗？"

　　小冬还清楚地记得，就在几天前放学的路上，路过鞋店的时候和小夏说的话。

　　"你上次不是说你很想买那双鞋吗？还和我说要买一样的一起穿啊？"

　　小夏指着橱窗里的鞋子微笑的表情，以及因为激动而提高的噪音，都在小冬的脑海里一一浮现。可是，才过了这么几天，她就变主意了？

"这个吧……反正现在我不想要了。再说，我刚买运动鞋也没多久。"

别说，小夏的运动鞋真的新得发亮，好像在努力证明她没有说谎。

"那怎么办呢，买也不是，不买也不是……"

小冬深深地叹了一口气，仿佛要把学校吹倒一样。要是买的话，之前和小夏的约定言犹在耳，说好不管做什么都要一起做，不能反悔；要是不买的话，那双运动鞋好像就在眼前向她招手。看到小冬这副模样，小夏像是突然想到了一个好主意，"啪"地一声合上了书。

"我们要不要去问问欣理？"

欣理是几天前隔壁班新转来的同学。她上知天文，下知地理，还帮朋友排忧解难，学校里都在传她是"问题终结者"。小夏一把拉起在座位上发呆的小冬，走出了教室。

"欣理肯定会告诉我们答案的，她可以的！"

两人一溜小跑，来到了体育馆角落里的小仓库前。平时这个角落随意堆放着篮球、呼啦圈、跳马、跨栏架等运动器具，可现在这些器具被摆放得整整齐齐，就像是田螺姑娘来过一样。欸，那是什么？小冬看到仓库门上贴着一块小纸板。纸板的四个边还有些毛糙，应该是谁亲手做的。上面写着一行歪歪扭扭的字。

"金欣理的心理咨询室……"

金欣理的
心理咨询室

就在小夏仔细观察四周的时候，小冬敲了敲门，随后一下子就把门打开了。咨询室里开着灯，但是里面安静得连掉根针都能听得清清楚楚。小夏伸着脖子朝屋里看了看，大步走了进去。

"这里好像没人，我们走吧，好不好？"

小冬怕得不行，拉着小夏的胳膊就想往回走。这时，从咨询室靠窗摆放的稻草堆里传出了什么声音。咝咝，咝咝……像是虫子的叫声，又像是小动物爬行的声音。听到这里，小夏和小冬下意识地紧紧抱住了对方。

"那个东西是不是在动？"

小夏静静地观察着稻草堆，小声嘀咕道。小冬藏在小夏的身后，小心翼翼地探出了头。本来一动不动的稻草堆，渐渐地动得越来越厉害。小冬用她的小脑瓜快速想了一遍。那里面会是什么东西呢？小狗？小猫？如果都不是的话，莫非是小妖怪？

"嗨，你们好呀！"
"哇啊啊啊！"

只敢眯着眼睛看的小夏大叫着连忙后退。小冬被小夏的叫声吓了一跳，赶忙捂着眼睛趴在了地上。不过，站在两人面前的既不是小狗，也不是小猫，更不是什么小妖怪，而是咨询室的主人——欣理。

"话说……你们在这里做什么？"

"这个问题应该我们问你才对吧？你在干嘛？吓了我们一跳！"

"啊，抱歉，我正在观察小鸟。为了不吓跑它们，不得不假装是个稻草堆。"

欣理好像一只刚洗完澡的小狗，用力抖了抖身子，衣服上的稻草纷纷落到了地上。受到惊吓的小夏急忙拍了拍胸口，根本来不及问欣理为什么要观察小鸟，以及这些稻草是从哪儿来的。

"啊，可真把我吓坏了……反正，我们来这里是有问题想问你。"

"问我？是什么问题？"

"你知道最近我们学校里正在流行的一款运动鞋吧？"

小夏向前走了几步，一脸认真地摆了几个造型——就是电视广告里明星的造型。

小冬兴奋得连忙拍手叫好，仿佛小夏就是那个明星。可是欣理的表情却不冷不热，只怪她从来不看电视。小夏见欣理没什么反应，感觉有些尴尬，把胳膊慢慢放了下来。

"……嗯，看来你不知道啊！反正，我们在纠结要不要买那双鞋。看到别的同学都要买，我就不想买了。但是小冬是铁了心要买。"

哈哈哈。听了小夏的话，欣理突然放声大笑起来。小夏和小冬挠了挠头，不知道发生了什么。两人异口同声地问她在笑什么，只见欣理擦掉已经笑出的眼泪，用手指了指小夏，又指了指小冬。

"我说，你们就像是小鸟。小冬是企鹅，小夏是白鹭。"
"什么？企鹅，白鹭？"

欣理观察小鸟是不是走火入魔了？小夏和小冬瞪大了眼睛看了看对方，怎么看也看不出白鹭和企鹅的影子，脸还是熟悉的脸，哪里就像鸟了？

欣理看见两人难以置信的眼神，摆了摆手，表示不是她们想的那样。

　　"不是，不是，我说的不是长相，而是你们的心理。"
　　"我们的心理怎么了？"
　　"这个吧，在心理学中把喜欢跟着别人买东西的人叫企鹅，把不喜欢跟着别人买东西的人叫白鹭。"

金欣理的心理咨询室

企鹅效应是什么?

这个名字是根据企鹅的习性得来的,是指看到别人买东西就跟着买的行为,也就是从众行为。现在知道小冬为什么想买运动鞋了吧?

企鹅生活在既寒冷又荒凉的南极。整个南极都被冰雪覆盖,企鹅为了寻找食物,必须要跳进海里。

准备起跳!

然而，进入海里并不是一件轻松的事情。海里不光有企鹅的食物，还有海豹、虎鲸等掠食者。

当"第一只企鹅"跳进海里后，

跳！

其他企鹅会紧随其后。

我，我也要跳！

我也要，我也要！

噗一通！！

人类也有类似的习性。

粗粮饼干

粗粮饼干

当出现买东西的"第一只企鹅"后，人们就会紧跟着购买。

粗粮饼干

所以，跟着别人购物的现象就叫作企鹅效应。

粗粮饼干

粗粮饼干

粗粮饼干

小夏躲在小冬的身后，眼前仿佛看到了奇怪的画面。她看见桌子渐渐变成高耸的冰川，雨欣不知什么时候变成了一只企鹅，摆出造型站到了冰川顶上，其他追随她的同学也都变成了企鹅。

　　"怪不得你把小冬叫作企鹅呢。不过这样看来她还真挺像的。"

　　小夏看到小冬不知道因为什么噘起了嘴，忍不住笑了起来。并拢的双脚，噘起来的小嘴，还有黑色的开衫，让小冬变成了一只不折不扣的企鹅。

"哪里像了，一点都不像。"

小冬把脸扭到一旁，不高兴地跺起了脚，怎么偏偏就像身材矮小的企鹅了。她看了一眼比她高一头的小夏，不满地问欣理。

"那小夏为什么像白鹭呢？因为个子高？还是因为皮肤白？"
"都说了和长相没有关系啦。"

欣理边说边搬出了一个小盒子。她打开盒子，倒扣过来，一堆七彩玲珑的玻璃珠一股脑地滚了出来。小冬也不再愤愤不平，目光被美丽的玻璃珠吸引住了。

"哇，真漂亮！"
"你们来挑一个你们觉得最显眼的玻璃珠吧！"

听到这句话，小夏和小冬赶忙开始从那堆玻璃珠里寻找最引人注目的那一颗——红色的玻璃珠像是美味的苹果，蓝色的玻璃珠让人想起夏日里的海洋……

　　两人拿起一个，又放下一个，纠结了半天，还是没选出来。欣理仿佛早就预测到了这一切，笑着从口袋里又翻出来一件东西。

　　"太阳镜？这里又没有太阳。"
　　"戴上看看，挑玻璃珠会容易一些。"

　　小夏和小冬小心地接过太阳镜，还是有些茫然。小夏本来还在嘟囔着什么，紧接着就发出一声感叹。五颜六色的玻璃珠霎时间变成了黑白的。

"来，现在再来挑一挑哪个是最显眼的珠子吧。"

小夏和小冬立马各拿起一个珠子。在彩色的世界里，每种颜色都在展示自己独特的个性；而在黑白的世界里，一切都变得简单了。答案就是这两个。她们从一堆黑色的珠子里挑出两个发着白光的，没有比这更简单的事情了。

"太神奇了，明明只是戴了个太阳镜，选择就变得没那么困难了。这两个在一堆黑色的珠子里，也太明显了。"

"对吧？所以，不选择购买流行的商品，而是去买其他商品的现象就叫白鹭效应。他们故意不追赶潮流，也是为了引人注目。"

金欣理的心理咨询室

白鹭效应是什么？

是指因为购买某一商品的人越来越多，导致商品的独特性降低，所以选择购买其他替代品，以追求差异化的现象，也就是反从众行为或差异化消费。这也就能解释本来想买运动鞋的小夏最后因为什么而改变了主意。

有个成语叫鹤立鸡群。解释为一只鹤（也可以是白鹭）站在一群鸡当中，是指在周围一群人里显得特别突出的那个人。

所以自古以来，白鹭就用来比喻清正廉洁的人，或是特别杰出的人。

咳咳……

洁白的羽毛和笔直的站姿，也让白鹭变得十分显眼。

找到白鹭了！

这么快?！

因此，白鹭效应指的是和大众的选择不同，购买其他商品以追求差异化的现象。

然而，有时白鹭效应也带有批判的意思。

有些人为了夺人眼球，故意购买珍贵的艺术品，或者昂贵的衣服，以及限量款商品。

这时，"白鹭"刻意不与"乌鸦"合群，有着高傲的一面，就出现了"乡巴佬效应"。这是一种消费行为，即某些人倾向于购买昂贵或独特的商品，以显示自己的社会地位或刻意区别于大众。

听完欣理的解释，小冬的脑海里像是翻相册一样翻过几个场景。刚开学选社团的时候、分配班级任务的时候、去看电影的时候，小冬都会选择人气最高的。而小夏刚好相反，她更喜欢排名不高的那些。

　　"这都是为了夺人眼球？我还以为你是有特别的喜好，怎么从来都没有听你说过？"

　　"那是因为……我不想被误认为是爱出风头的人，我只是想变得特别一点。"

　　小冬这才理解了小夏这个朋友。

所以问题并不在运动鞋上，而是小夏不想和其他人做同样的选择。小夏也有一点歉意，对小冬这个闺蜜了解得也不够多。这样看来，学习心理学还可以更加深入地了解对方——两人想到一起去了。

"小冬，我们就好像是围棋里的白子和黑子，虽然颜色不同，但是谁都离不了谁。"

"哦，好像是欸！我本来还以为我们合得来是因为我们像是从一个模子里刻出来的，没想到是因为我们像齿轮，因为不同才互补。"

小夏和小冬笑着击了个掌。然而，小冬感觉自己变成了一只追自己尾巴的小狗，忙活了半天还是待在了原地，表情再次变得严肃起来。小冬更了解小夏的想法了，也发现了两人的不同，这些都让她感到欣慰，可是——

"知道我是企鹅、小夏是白鹭了又能怎么样呢？到底要不要买运动鞋这件事不是还没有结论吗？因为有过约定，所以又不能各自行动。"

"说的也是哦，在企鹅和白鹭里要选哪一个呢？完全不知道选什么才是对的。"

小夏和小冬陷入了沉思。她们理解了各自的不同，但是无法确定谁才是"对"的。要是像数学题那样有正确答案就好了！这个问题迟迟没有结论，小夏的头都开始痛了。她深深地叹了口气，甚至开始后悔和小冬作约定了。

"要不然我们随便选一个吧，怎么样？"

小冬的声音里充满了疲惫。

"你想，这件事没办法少数服从多数，也没办法投票，就只有我们两个人。比起继续纠结下去，咱们不如抽签决定吧！又快又简单。"

可是……小夏的声音越来越小——如果就这样决定的话，不管抽出什么结果都会有人不开心的。

"我真的想知道'我真正的想法'是什么。白鹭效应也好，企鹅效应也好，都是受到别人的影响才产生的，这不是一样的嘛。"

听到小夏的话，小冬点了点头表示赞同。这世上要是真有能屏蔽别人意见的耳塞该有多好！用那耳塞把两只耳朵都堵上，只能听到自己的想法就好了。欣理好像看穿了小冬内心的想法，抢先一步说道：

"所以你们是不是想问，有没有可以不受别人影响的方法？"

小夏和小冬用期待的眼神看着欣理。但此时，只见欣理十分坚决地摇了摇头。两人失望极了，垂头丧气的样子活像晾在衣架上的湿衣服。

"虽然有些难以接受，但你们期盼的那些还是做不到的。毕竟人是群居动物，总是会受到其他人的影响。"

金欣理的心理咨询室

流行与模仿心态是什么？

流行是指在大众范围内广泛传播的行为方式、观念或现象，就像时装和流行语。流行的形成依赖于人们对他人行为和情感的观察和模仿，这种模仿心态促使个体学习。

人类身上有想和别人变得一样的本能。这是从远古时期开始就学到的生存法则之一。

为什么大家的脸上都涂了东西？

因为太过显眼的话会容易陷入危险，所以一言一行都要尽可能地和别人一样。

啊！原来如此……

虽然过了70万年，但是这一习惯已经深深地被植入到了我们的基因里。

我也要赶紧画一个。

不仅是衣服和鞋子，世界上还有音乐、电影、发型和生活习惯等很多东西会流行起来，这也都是因为模仿心态的存在。

人们通过创造流行，并追赶潮流，来寻求归属感和安全感。当知道自己和别人被某种事物连接到了一起时，心理欲望也会得到满足。

不过，盲目追赶潮流并不是一件好事。

那边是有什么宝藏岛吗？怎么都往那个方向开啊？

有些时候，因为受到了其他人的影响，会忘记自己真正
想要的到底是什么。甚至，会失去真正的自我。

因此，认真倾听他人建议的同时，也要坚持自己的
想法。当这两者兼备的时候，才会成长为棒棒的大
人哦。

欣理把散落在地上的稻草一根一根地捡了起来，放在手心里搓了搓，绑在了一根木棒上。小夏和小冬马上就明白了欣理这是要做一把扫帚。欣理用绳子缠了一圈又一圈，防止稻草从木棒上脱落下来。虽然没有外面卖的那么好，但也挺像样的。

　　"怎么突然做了把扫帚？"

　　欣理没有说话，只是用双手转动扫帚，然后把扫帚的一头重重地砸到了地上。轰隆隆！正好天空中传来一阵惊天动地的雷声。听到突如其来的巨响，小冬和小夏同时尖叫了起来。

"很久很久以前，在一片人迹罕至的草原上，住着一个'随便女巫'，她拥有上百只羊。"

不知道欣理从哪里找来一顶巫师帽戴在了头上，接着用沙哑的声音说道。

"每到夜晚，那个女巫都会搞恶作剧，把小孩子抓到自己的城堡，然后问他们一个同样的问题。"

小夏咽了咽口水，紧张得不得了。欣理向她伸出了两只手，上面各放着一粒小小的药片。

"你要红色的药？还是蓝色的药？"
"……"

就在小夏和小冬在想药片的事情时，欣理又一次把扫帚砸到了地上。这时，一道白色的闪电点亮了天空，头被雷声震得嗡嗡直响。

"啊啊啊啊啊……"
"女巫会对说出这句话的小孩下变成羊的诅咒。"

欣理招了招手，示意两人靠近一些。小冬和小夏实在是好奇接下来孩子说的话是什么，把身子勉强靠了过去，双腿不停地发抖。她们心想，万一要是碰上了女巫，可千万不能说出这句话。

"随便。"
"……什么？"
"随便女巫非常讨厌自己的名字。所以把说'随便'的小孩都变成了羊。而把明确选择红色药片或蓝色药片的小孩都送回了家。"

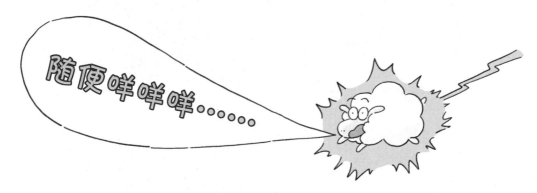

怪不得她和好几百只羊生活在一起呢！小冬恍然大悟地拍了下腿，感觉下次看到羊的时候，就可以问它："你是不是也受到了女巫的诅咒？"小冬急忙挥了挥胳膊，仿佛女巫的诅咒就要落到她的身上了。

　　"好可怕，说'随便'就会变成羊，怎么会有这样的诅咒！"

　　小夏摸着胳膊上的鸡皮疙瘩，突然倒吸一口凉气，捂住了嘴。等等，不会因为刚刚说了一句"随便"就会变成羊吧？她不安地摸了摸自己的头，好在指尖碰到的并不是软绵绵的羊毛，而是自己柔顺的头发。小冬把这一切看在眼里，差点大笑起来，马上又憋了回去，摇了摇头。她觉得不该笑女巫的诅咒，不然就要倒霉了。

　　"你们心里有答案了吗？"

　　听到欣理的提问，小夏和小冬同时点了点头，好像两人有心灵感应似的。她们一致认为能够摆脱女巫诅咒的方法只剩下这一个了。

　　"我觉得……"
　　"需要再考虑考虑。"

想要摸着石头安全过河，不可缺少的就是时间。这件东西是不是我真想买的，我的想法有没有受别人的影响——像流行性感冒那样。石头要一块一块去摸，否则就容易陷入鳄鱼成群的沼泽地里。小夏和小冬在心里暗暗发誓，决不能忘记这件事。

"我们不想做冲动的决定，我们的时间还有很多呢。"

这时，天花板上的广播喇叭里传出了明快的铃声。小冬发起了牢骚——刚刚还在说时间很多，但休息的时间总是不够。大家都被小冬逗笑了。

"欣理，我们要走了。今天谢谢你了！"
"好呀，路上小心！"

小夏和小冬手牵着手走出了咨询室，就像她们刚走进咨询室的时候那样。不过她们的表情变得阳光多了，仿佛徘徊在两人身边的女巫的影子早已消失不见。现在，她们的想法和她们面前的石头桥一样坚定。欣理望着两人的背影，挥了挥手。

第三章
和朋友吵架想不出和解
的好办法该怎么办

泰然的
故事

放学了。约好一起踢球的几个孩子立马跑到了操场。他们把手伸出来，用手心手背的方法来分队。而后，他们纷纷露出了失落的表情，望了望周围。一，二，三……

"额……我们队好像少一个人吧？"

手心朝上的有五个，手背朝上的有四个。为了比赛的公平性，还需要再加一个人才行。承焕环顾四周，抬起了被太阳晒得黝黑的胳膊，指向了藤树下的长椅。

泰然低着头，坐在藤树繁密的绿荫下。

"喂，泰然！要不要和我们一起踢球啊？"

承焕大声地喊道。要是平时，还没等别人喊泰然他就会跑过来，可今天的他不知道怎么了，用胳膊比了一个大大的叉。站在承焕身后的欣理眯着眼睛注视着泰然。她低下头看了眼怀里抱着的足球——在那个长椅上，一定发生了比踢足球更有意思的事情。想到这里，欣理立马把手里的球扔给了其他小伙伴。

"反正人数也对不上，是吧？我退出，你们好好玩儿吧！"
"啊？喂，那也不能就这样走了吧！"
"什么啊，我还想和欣理一个队呢……"

大家望着欣理的背影都有点舍不得。她来不及理会别人挽留自己的话，径直穿过了操场。火辣辣的阳光透过叶片之间的空隙，在沙地上画出了漂亮的纹理。

"唉……"
"总是这样叹气的话会变成蒸汽火车的哦，呜呜。"

泰然听到从身后传来的声音，把身子转了过去。看得出他还沉浸在烦恼中，表情有些茫然。他这才认出欣理，连忙说道：

"啊，你是……"
"没错，金欣理。"

做完简短的自我介绍，欣理一屁股坐到了泰然的身边。两人的距离只有巴掌宽，仿佛磁铁的同极相遇了一样，传递出微妙的紧张感。

"你要是有烦心事，可以和我讲讲。你知道的，我可是问题终结者。"

短暂的沉默过后，欣理故意用开玩笑的语气先发起了对话。不知道从什么时候开始，欣理变得不喜欢'问题终结者'这个外号了，觉得它像个尾巴一样一直跟着自己。她明白自己只是说出了方法，并没有替别人解决问题。不过，为了帮泰然整理混乱的思绪，没有比这更合适的方法了。她也明白，不管什么时候，都需要适当的玩笑。

"真有你的，逞什么强啊，你又不是什么魔术师。"
"虽然我不会变魔术，但是我会撒娇啊。"

泰然被欣理出其不意的眨眼惊到了，一个劲儿地嘟囔

着什么。不过比之前的表情轻松了一些。泰然不停地用牙咬着嘴唇，他好像在摸索线团的开头，还不知道该从哪里开始说起。

"嗯，就是说……"

泰然终于找到了"线头"，开始纾解心结。简单整理了一下他说的话，原来是这么一回事。泰然有一个最好的朋友，但是因为自己不经意间说错了话，两人的关系急转直下。他绞尽脑汁想了各种方法来挽回这段关系，但还是没能获得好的结果。他的脑子已经乱成了一团，而且越理越乱。

"你不知道我有多烦，头都要痛了。"

泰然的两只手紧紧攥住自己的头发。点点阳光把他的头发染成了玫瑰一样的颜色。

"我是不是真的是个笨蛋？怎么一点主意都没有……"

泰然开始用双手拍自己的脑袋。

这声音好像夏天在卖西瓜的摊位上听到过。听了泰然的问题，欣理表情严肃地抱起了胳膊。

"不管怎么绞尽脑汁，都想不出解决问题的办法，是吧？"

束手无策的泰然点了点头。就在这时，欣理拍了下自己的膝盖，好像想到了什么好办法。泰然听到清脆的声音后转头看向了欣理。

"我还以为是什么事情呢。我有一个非常简单的办法。"
"什么？什么办法？"

听到欣理的话，泰然连忙凑了过来。他像是抓住了救命稻草一样紧紧抓住欣理的胳膊。只见欣理用两只手拍着自己的大腿，嘴里模仿出鼓点的声音。

"那就是……"

"……就是……"

"什么都不去想就好了。"

听到这个答案的泰然瞬间就泄了气，放开了欣理的胳膊。明明已经坐在了地上，但是却觉得身体还在一直往下坠落。泰然往远处挪了挪，一阵虚脱感反而让他笑了出来。

"……什么都不去想吗？"

"对！烦恼也好，想法也好，通通都不要想，待着就会好了。"

这是在拿我开玩笑呢吧？气愤的泰然攥起了拳头。这几天因为在烦心这件事情，连饭都没能好好吃。可她竟然给出的是这样的办法。

"你是在逗我吗？这算哪门子办法啊！"

泰然发火的声音响彻着整个操场。声音大到踢球的孩子们都转身看向了长椅。欣理向他们挥了挥手，好像是在说"没发生什么大事"。

欣理冷静极了，让人忍不住怀疑她的血是不是蓝色的。旁边的泰然喘着粗气，难以克制地表现出愤怒和失望。

"我还在网上找方法，找得我眼睛都要瞎了，熬夜熬到黑眼圈比大熊猫还重，头发被抓掉一大把，可还是想不出什么好主意。"

泰然激动地说到一半后突然停了下来，好像说得有些哽咽了。什么都不要想，那办法要从哪里找呢……欣理拍了拍他的后背——泰然把脸埋进了膝盖之间，自言自语地嘟囔着什么。

"泰然，你跑过步吧？"

泰然深吸了几口气，轻轻地抬起了头。跑步？看着正在踢球的朋友们，泰然缓缓地点了点头。

"思考一件事情，就像是一场赛跑。如果一直不休息的话，那早晚会累趴下的。"

听到欣理的话，泰然回顾了一下这几天的自己。被称作"历史最长的比赛"的超级马拉松大赛，最多也只有十几个小时的赛程。可是自己一刻都没有休息，烦恼了一个星期。他这才意识到自己的脑袋快要累"趴下"了。

金欣理的心理咨询室

思考和跑步有什么关系?

让人产生思考的大脑和帮助我们跑起来的肌肉,两者之间是有共同点的。那就是在使用一段时间后,都需要相应的休息和放松。泰然怎么也想不出好主意来,就是因为他的大脑没有得到充分的休息。

就算是再厉害的长跑选手,当他跑了一段时间后,也会在某个瞬间不想再继续跑下去了。

加油!
继续!

心跳会快到感觉要窒息了一样,让人累得上气不接下气。

那么,如果一直无视大脑想要休息的信号,硬要继续跑下去的话,会发生什么事情呢?

等一下,等一下……放弃!

大脑

喂!

歇会儿吧!

最终会倒下，也有可能会受伤。身体已经到了极限，很难再支撑下去了。

我们的大脑也有着和肌肉相似的一面。如果不怎么动脑，就会退化。

相反，如果不懂得休息，过度使用，就会超负荷运转。

和发动机一样，过热的话可能会报废。

所以，只有得到了充分的休息，才能继续奔跑下去。同样地，大脑也需要适当的休息和"充电"，而且这是必需的哦！

"就像现在的你一样。"

欣理的手指戳了戳泰然圆嘟嘟的脸蛋。那里仿佛藏了一个开关，泰然猛然回想起差不多去年这个时候，他代表学校参加足球比赛的事情。在决赛的前一天，有个队员因为受伤无法参加比赛。由于没有合适的候补队员，从上半场到下半场，再到加时赛，泰然跑了整整两个小时。也是因为泰然的胳膊上戴着"队长"的黄色袖标。

"所以，休息和奔跑同样重要。因为力量是需要储备的。"

泰然听到欣理的话点了点头。虽然赢了那场比赛，但在比赛后他也病了一场，在医院里躺了好几天。明明是用双腿跑的，但是从胳膊到肩膀、再到腰，没有一处是不疼的。泰然想到自己的大脑也正在经历着这份痛苦。想到这里，他感到一阵头晕眼花。

"欣理。"

泰然回想起痛苦的过去，叫了欣理一声。他仿佛来到了一个岔路口，看得出表情有些迷茫。

"就算得到了充分的休息，但是为了到达终点，也是要继续跑下去的。那为了想出好的主意，不也要一直思考下去吗？为了找到办法而休息，听起来就像是站着不动就能通过终点线。"

欣理摊开一个手掌，把另一只手的食指和中指放了上去。然后让两根手指交替运动起来，就像是一个小人在奔跑。

"看好了。"

说着，她让手指停在原地，然后缓缓移动了她的手掌。

"这就是不用走就能到达终点的办法。"
"这是让我瞬间移动吗？"

听到泰然的提问，欣理用手掌拍着胸口大笑起来。难道和胸口有关。在泰然看来，欣理的行为就像是水中月、镜中花。明明就在眼前，但就是找不到答案。昏头昏脑的泰然只好盯着欣理的手指。

"靠的是这里面的自动扶梯。"
"自动扶梯？"
"意识就是我们内心深处的'自动扶梯'。它不会休息，会一直运转下去。所以，就算我们停在原地，也会到达自己想去的地方。"

内心深处的自动扶梯。泰然的脑袋里出现了一个新的问号。

金欣理的心理咨询室

意识与无意识是什么？

　　意识是指人们能够直接感知和认识事物的心理状态。无意识是指那些深藏在心灵深处，通常无法直接感知的思想、感觉和欲望。

　　站上自动扶梯，一起从意识出发，到前意识、再到无意识看看吧！

弗洛伊德将我们大脑中的意识大致分为三个部分。

意识，

前意识，

以及无意识这三部分。

意识

　　首先，意识就像是露出水面的冰川。虽然露在外面非常显眼，但是和整体相比，不过是很小的一部分。

前意识

　　其次，前意识好比是水面以下的冰川。虽然不太容易被看到，但是稍微深入挖掘，就能发现它。

　　前意识处在意识和无意识之间，也起到连接的作用。

无意识

　　最后，无意识藏在深处，我们很难看到它。不过，它是撑起整座冰川的根基。

　　正是因为它在很深的地方，所以我们也很难确认它是否真的存在。

当我们在看书、闻味道、听歌的时候，视觉、听觉、嗅觉等知觉会进入我们的身体。

那么，意识里的细胞会把这些知觉分为

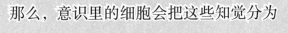

"不错"　　　　"好玩儿"　　　"无聊"等想法。

我们的身体在不停地运动，每天会积累无数的想法。
这些想法会被运送到有仓储功能的前意识那里。

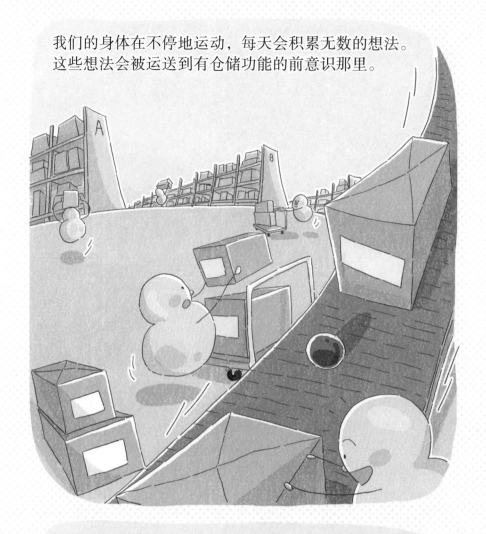

想法被保存在那里，需要的时候随时都可以取用。

现在需要这个！

不过，恐怖的、吓人的、再也不要想起的记忆，或者暂时不需要的记忆会被送到更深的地方。那里就是像地下室一样的无意识地带。

看来是新的黑历史！

碎——

好像已经忘得一干二净的记忆，其实都被保存在无意识那里。

所以，有时候做梦会梦到很久以前去过的地方，或者梦到经历过的事情，像是又发生过一次。

现在没别人了吧？

偷偷摸摸

知道为什么大家把梦看作是一种无意识现象了吧？

嗡

嗡

梦的放映机

我都做了些什么啊！

扑腾！

扑腾！

"我们以为自己已经忘掉了的回忆，都被存放在了无意识那里。好像消失不见了，但在需要的时候会闪亮登场。"

"就像这样。"

欣理舞动起十根手指，优雅得像是在跳芭蕾一样。然后她把手指聚拢到一起，像是握住了什么。她上下晃了晃，打开后原来是一个红色的小球，夹在了手指之间。欣理明明说自己不会变魔术，没想到变得还有模有样的。

"想要把那些记忆都存起来的话，无意识的容量会很大吧？"

泰然想到了在电影和漫画里看到的魔术师的帽子。把手伸进帽子里，能拿出手掌大小的面包，能拿出比自己还高的梯子，甚至是大象和飞机。

"啊，可是无意识里的记忆，不都是想不起来的记忆吗？"

欣理摇了摇头。她用手掌按住那个红色
小球，眨眼间就变成了一个气球。

　　欣理噘起嘴，往气球里"呼"地吹了口气。
皱巴巴的气球渐渐变圆变大，最后变得比脸
还要大。

　　"不是的。有个方法，可以让你随时想起来。"
　　"什么方法？"

　　欣理熟练地绑好圆滚滚的气球，一松手，气球便等不
及地飘到了天上。

　　"松开限制记忆的手就行。这样就能想起来了。"

　　泰然抬头看着那红气球在蓝天里逐渐变成一个小点，
看得脖子都酸了。他希望自己沉重的心情也能像那气球一
样获得释放。

金欣理的心理咨询室

酝酿效应是什么？

是指在苦苦思考复杂问题的时候停下来，反而能想到好方法的效应。当大脑感到疲累的时候不如休息一下吧！

很久很久以前，有一位科学家叫阿基米德。有一天，他接到了国王的命令。

国王让他去确认自己的王冠到底是不是用纯金打造的。

陛下，您找我？

阿基米德碰到了难题。
因为以当时的技术，很难搞清楚金子里有没有掺入银
或者铁。

这可怎么办啊……

有没有什么办法啊……

熬了好几个通宵，阿基米德都没有找到解决
问题的方法，已变得疲惫不堪。

几乎就要放弃的阿基米德跳进
了浴缸。

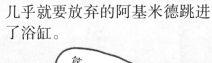

算了，不管了！

啊，对啊！

就在这时，阿基米德
突然想到了什么。

有了！

阿基米德想到自己进入浴缸后，溢出去的水的体积不就等于自己身体浸入水中的那一部分的体积吗？

同理，把王冠泡进水里，再把和王冠一样重的金块放进水里，比较两者溢出来的水的体积，就能知道王冠是不是纯金做的了。

终于找到办法的阿基米德激动得从浴缸里跳了出来，嘴里喊着：

「有办法啦！」

就像这样，当我们休息的时候，或者在想其他事情的时候，会突然想到好主意。

心理学把这一现象叫作酝酿效应。

平时泡在无意识里的记忆

会趁意识和前意识休息的时候慢慢浮出水面。

"泰然，我相信你也会像阿基米德那样，喊出'有办法啦'。"

就在泰然想象自己一边喊着"有办法啦"一边从浴室里跑出来的样子时，脚边骨碌碌滚来一个足球。他一抬头，就看到小伙伴们在冲他招手，让他把球踢过去。

"我想现在就是个好机会！"

欣理戳了一下泰然。

"什么机会？"
"让大脑休息的机会。没什么比让身体动起来更好的方法了。"

欣理抢先一步跑了过去。泰然思考了片刻，把脚放在了足球上。烦恼、无意识……和那些看不见、摸不着的事情不一样，足球看得到、踢得到，还可以射门。

泰然看着任人摆布的足球，露出了轻松的笑容。虽然还没有跑起来，但是心跳已经加快了。

"等等我！等我一起！"

泰然冲着小伙伴们的方向，痛快地将足球踢了过去。泰然很快投入到运动中，大喊传球，好像忘记了一切烦恼，尽情地追着球奔跑着。太阳准备下山了。本来和身高差不多长的影子，不知什么时候变长了一倍还要多。

"啊，真的好累啊。"

大家都累得不行，流着豆大的汗珠躺在了地上。他们浑身都是泥土，一定会被家长批评的——可是没有一个人在意这件事。泰然的表情里也看不出有什么烦恼，只是躺在操场上，望着渐渐被染成粉色的天空。

"大家都热得踢不动了吧？"
"是呀，要不要派几个人去买雪糕啊？"

他们躺在地上把手举了起来。

"石头，剪刀，布！"

没想到一局定胜负。没办法，其他人都出了石头，只有泰然一个人出了剪刀。他无奈地站了起来。

"都买棒冰，可以吧？"

虽然有一两个不愿意的，但大多数人都用双手比了个圆圈来表示同意。就在泰然喊"好"的一瞬间，他感到脑袋里有什么东西像泉水一样喷涌而出。

"……是呀，我怎么一直都没想到这个方法呢？"

大家刚刚还在热火朝天地讨论谁的射门动作最帅，这时都纷纷看向了泰然。

"泰然，你怎么了？"

有个小伙伴看着泰然的后脑勺小心翼翼地问了一句，看起来他是真的很关心泰然。可泰然已经沉浸在自己的思绪里，根本听不见别人的声音。他猛地站了起来，大家也齐刷刷地抬起了头。

"有……有办法啦！有办法啦！"

只见对着空气自言自语的泰然，喊了几句后便穿过操场向着后门跑去。看着泰然令人费解的行为，小伙伴们瞪圆了眼睛，嘀咕起来。

"他刚刚喊的什么？"
"不知道，是不是说想吃咖喱了？"

有几个小伙伴在抱怨泰然，说他是不是因为不想买雪糕才逃跑的。只有欣理微笑着。她捡起身边的足球站了起来，用豪爽的声音大声说道：

"今天心情不错，我来请大家吃雪糕吧！"
"哇，欣理最好了！"

大家穿过操场，影子像披风一样跟在身后。他们追着落日奔跑起来，越来越远。

第四章

我也不知道为什么
总是在生气

"我说大壮，还不快点出来！"

大壮爸爸的声音打破了寂静的工作日的早晨。看见大壮摇摇晃晃地走出来，爸爸忍不住皱起眉头。衣服应该是迷迷糊糊穿上的，不仅上衣穿反了，裤子的拉链也还没有拉好。

"你这个孩子怎么天
天睡过头啊？"

看着悠闲地打着哈欠
的大壮，爸爸无奈的表情
已经挂在了脸上。

"你知不知道爸爸妈
妈要去上班，是很忙的？
你能不能按时起床啊？"

"看看隔壁家的孩子，学习好，还听话，他的爸爸妈妈得多省心啊！可你都这么大了，还要有人叫你起床才行，真的是……"

妈妈和爸爸你一句我一句地唠叨了起来。大壮像是淋了场大雨，浑身湿透的他感觉身子重了不少。别的不说，他真的、真的不喜欢爸爸妈妈拿自己和别的孩子做比较。没来得及说出口的话和口水一起被大壮咽了回去。

"等什么呢，不去上学，打算就在这儿站着了？"

爸爸推了推大壮的后背——他的双脚像是粘在了地上，根本动不了。是不是有人把嚼过的口香糖吐到地上了？他看了看鞋底，只有一些灰尘在上面。爸爸上车系安全带的时候，妈妈在副驾驶座位上冲他挥了挥手。

"爸爸妈妈走了，在学校不准惹事。晚上见了，儿子。"

大壮有气无力地点了点头。爸爸妈妈的车一眨眼就消失在了小巷子的尽头。哎呀，真烦……大壮沉闷地叹了口气，就像是车屁股"吐出"的黑烟一样。

"只是不小心睡过头了嘛……"

大壮心想，迟到一会儿没什么大不了的。晚一分钟进校门，又不会扣考试分数，也不会不让上课。要说惩罚的话，就是迟到的人要在放学后留在教室里做十分钟扫除才行。大壮知道这个后果，但他还是不理解每天早上都要教训自己的爸爸妈妈。

"天天生气……"

大壮也气得竖起了眉毛。就在十步开外，小范正好站在那里。他就是大壮妈妈经常提到的"别人家的孩子"。

小范正和朋友一起边聊天边往学校走。突然他想起了什么，打开书包翻找了起来。

　　"啊！我说，出大事了！"
　　"怎么了？"
　　"我忘带东西了。抱歉，你们先走吧！"

　　小范的表情有些尴尬，后退着从一堆小孩中走了出来。他向其他同学挥了挥手，说着教室里见，然后转身就要往家跑。就在这时，"砰！"，正好撞上低着头走来的大壮。

大壮和小范都抱着头摔倒在地上。体格更大一点的大壮先缓了过来，看见坐在自己面前的小范立马皱起了眉头。本来大壮情绪就不稳定，小范与他的冲撞无异于点燃了导火索。

"喂！你到底看不看路啊！都怪你，差点出大事了！"

大壮猛地起身开始指责小范。撞到一起的额头还在发烫，摔倒时擦伤的手掌也在隐隐作痛。但大壮的怒气值直冲上限。

"什么？那你也没躲开啊，你也有错吧？"

小范也慢慢站了起来，痛快地反击了一句。跑的时候没回头看看确实是自己的不对。本来想赶紧道歉的，但是听了大壮的话实在是憋屈得不行。谁让大壮走路的时候低着头呢。

"说什么呢，小不点！要来打一架吗？"

大壮用又厚又大的手掌推了小范的肩膀。妈妈唠叨的声音和爸爸无奈的表情，还有小范盯着自己的眼神，这一切交织在一起在他眼前跳动着。大壮感到浑身开始发热，情绪越来越激动，仿佛内心里翻涌着滚烫的岩浆。

"你，你要打我？"

小范站在人高马大的大壮面前，表情变得有些微妙。他的脸色发白，强装镇定地问了一句。小范想冲大壮喊一句"到此为止吧"，但害怕大壮会一拳打到自己，最终没能说出这句话。

"怎么，害怕了？不想挨揍的话以后就好好看路，胆小鬼。"

自信满满的大壮得意地扬起了一边的嘴角，然后用力撞开小范的身体，径直地离开了。无力地挂在小范身上的书包被撞到了地上，书包里的东西哗啦啦地掉了一地。

"你不就力气大吗，信不信把你……"

气鼓鼓的小范回头冲着大壮的后脑勺挥舞起拳头。一粒小小的火星飞进了小范的心里。问题出在了哪里呢。要是好好看路的话是不是就不会发生这些事情了？要是能早一点出门或者一开始就不落下东西，是不是就不会如此了？

"啊，烦死了。今天怎么什么事情都不顺！"

小范觉得自己选的都是最糟糕的选项。小小的火星眨眼间变成巨大的火花——小范趁着火气，一脚把旁边的石头用力踢了出去。

"哎哟！"

听到从不远的地方传来一声惨叫，小范马上把头转了过去，看到有个孩子背对着自己抱着头。看来那块石头并没有滚向别处，而是砸到了那个孩子的头。

"哎哟，我的头。到底是哪个家伙一大早扔石头啊！"
"我，我……对，对不起。"

小范一路小跑到孩子身边。那个孩子正在气头上，不好意思的小范始终没能抬起头来。

那石头怎么就冲着别人的头去了？小范手忙脚乱地开始埋怨起石头来。

"我真的不是故意的。从早上开始烦人的事情太多了，我也没想到就……"
"烦人的事情？"

听到熟悉的声音，小范赶紧把头抬了起来。站在小范面前的不是别人，正是欣理。小范不知不觉松了口气，仿佛能够确定善解人意的欣理百分之百会理解自己的。

"出了什么事？"

正如小范预料的，欣理并没有责怪自己。面前的她只想知道"烦人的事情"到底是什么。这引起了欣理的兴趣，都忘记了自己的头刚被石头砸了。在欣理的追问下，小范把早上不愉快的事情全都抖了出来——只要欣理能原谅自己，这算不上什么。

"原来如此，也难怪你觉得烦了。"

欣理听完小范的故事点了点头。原来是那个叫"大壮"的家伙把愤怒的火苗传给了小范，最终伤到了路过的欣理。

就在欣理要提醒小范"生气的时候随意发泄情绪是不好的"时——

"让开！"

不知道是谁大声喊了一句，打断了欣理的话。欣理和小范同时看向了一边——他们看到在小巷子的尽头，大壮又在威胁比自己瘦小很多的同学。小范想到刚刚发生的事情，躲到了欣理身后。

"对，就是他。刚刚想打我的那个家伙就是他，大壮。"

欣理眯起眼睛，原来就是他在散播负能量啊。欣理把手中的石头扔了出去，一条抛物线准确命中了大壮对面的大树。树枝摇摇晃晃，把挂在枝头的果子摇了下来，正好砸在大壮的头上。

"啊啊！"

大壮发出惨叫，环顾四周——看到了远处的欣理和小范，大壮气哄哄地想"要好好教训他们才行"。

"我说你们……"

大壮发出野兽一般的低吟声，怒气充斥着他的身体，使身体慢慢变大。他的裤子绷不住了，从缝线处开始破开。

"为什么总是……惹我啊！"

随着愤怒的吼声，大壮的衬衫扣子像子弹一样发射了出去。欣理和小范赶紧趴在了地上。他们从指缝里看到大壮转眼间变成了毛发浓密的怪兽。

"你们是不知道天高地厚吧？"

大壮——不，是怪兽，一眨眼就大步冲到了面前，抓住欣理的领口，把她轻松地拎了起来。吓得魂飞魄散的小范早早躲到了一辆卡车后面，远远地观察事态的发展。欣理的两只脚已经离地，不过还在轻松地笑着。

"别再冲弱小的同学发泄情绪了，就此打住吧！"
"小不点儿，你懂什么？"

在怪兽的威胁下依然镇定自若的欣理伸出了一根食指。那根食指像是在击鼓传花，从怪兽指到了小范，再指向自己，最后停在了怪兽面前。

"先不说别的，你知不知道你冲小范发泄的情绪传到了我这儿，最后又回到了你这里。"

正要用尽全力把欣理摔到地上的怪兽，还有躲在卡车后面瑟瑟发抖的小范，都换上了不明所以的表情。情绪怎么会传给别人？怎么传？空气里的氧气好像也都变成了一个又一个问号。

金欣理的心理咨询室

防御机制是什么？

　　是指用于减少或避免愧疚和不安的情绪，保持内心稳定的心理机制。大壮为了保护自己，把愤怒发泄到了小范身上，这里用到了"转移"这个特定的防御机制。

　　在练习跆拳道、拳击、合气道等武术的时候，首先要学会的是什么呢？那就是护身倒法等防御技术，然后才会学习刺拳、踢腿等攻击技术。

那是因为比起攻击对方，保护自己才是更重要的。

是个小家伙！捕猎难度应该不大吧？

哼，小瞧我身上的刺，是会吃大亏的！

同样地，我们的心理也有保护自己的技术。当内心受到威胁的时候会欺骗自己，或者会重新解读问题状况，来避免情感带来的伤害。

统统挡住！

心理

威胁

情感伤害出动！！！

心理学把这种防御技术称作"防御机制"。

我叫弗洛伊德，是我提出的这个理论。

就像格斗技巧中有各种各样的防御技术，防御机制也分很多种。

具有代表性的就是不接受现状的否认。

其实你没有死，只是去天国了吧？对不对？

或是为自己的行为、决定、感受找个看似合理的解释。

哼，算了，反正葡萄是酸的。

咕噜噜~

还有做出与真实感受完全相反的行为或表现出完全相反的态度，等等。

转移也是防御机制的一种，将情感、欲望或冲动从一个对象转移到另一个对象。比如把我感受到的愤怒转移到比我弱小的人身上，以消解愤怒。我们常说的"迁怒"，指的就是防御机制中转移的一种表现。

"这就叫转移。你冲小范发了火，小范又冲石头发了火。因为你们都觉得对方比自己弱小。"

听到欣理的话，怪兽用双手抱住了自己巨大的头，像是认识到了自己的错误。从怪兽的手掌里逃脱的欣理叹了口气，拽了拽已经皱得不成样子的衣角。怪兽故意反驳她说道：

"啊啊，我的头……就算这世界上有防御机制，所以呢？按你的说法，这是为了保护自己不得已做出的反应，那又有什么问题！"

没想到怪兽反咬一口。就在欣理想要说什么的时候……

"可是……"

不知从哪里冒出来的声音吸引了欣理和怪兽。他们看到的不是别人，正是攥起拳头的小范。

"欺负别人就是不对的！"

挺起腰板的小范直勾勾地盯着怪兽黑黢黢的眼睛。

小范这才想到，如果怪兽是真的强大，那么肯定不会做冲他人发泄的事情。相反，他一定懦弱又无耻，所以才只敢欺负弱小。想到这里，小范再也不惧怕面前的怪兽了。

　　"为了保护自己去伤害别人，是自私的行为。所以你并不是真正的强大！只是假装强大的胆小鬼罢了！"

　　小范坚定地认为，对于这个大块头自己完全不用逃避，也没有理由逃避。小范气势十足的喊声让怪兽向后退了两步。但这还不足以唤醒在怪兽壮硕的身体里沉睡的大壮。怪兽展现出了更为痛苦的表情并提高了音量。

　　"说我是胆小鬼，真是可笑！难道我就不能用防御盾牌了吗？"
　　"不能。"

　　欣理向前走了一步，用果断的声音回答了怪兽。

　　"就算盾牌不是刀剑，也不能乱用。因为盾牌也有可能变成伤害他人的武器。"

金欣理 的心理 咨询室

防御机制的正面与反面是什么？

防御机制虽然能够保护自己，避免因不安而带来折磨，但是若用得太频繁，也会产生负面结果。我们以为防御机制是能够保护自己的盾牌，但有时也会变成伤害他人的武器。

我们都知道在战场上，盾牌是可以保护自己的，不过有时也会被用作攻击的武器。

特别是文艺复兴时期出现的"小圆盾"，就是既可以用来防御，又可以用来进攻的盾牌。

在中世纪的欧洲，一些战士有时候只使用盾牌来决斗。

啊！

砰！

所以，防御机制虽然能够成为我们内心的盾牌，但如果使用不当，或是过度依赖这个盾牌，也会让它成为伤害他人的工具。

同时，若经常使用否认、投射和转移等防御机制来欺骗自己，那么内心也是会生病、会出问题的。

总是把自己藏在盾牌后面，久而久之就会让自己丧失与负面情绪和负面情况作斗争的能力。

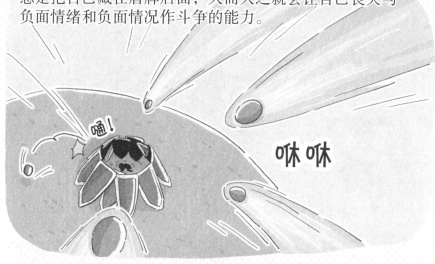

为了保护自己而使用的盾牌，最终会成为坑害自己的罪魁祸首。

所以，要想成为意志坚定的人，就不能因为害怕而躲躲藏藏，而是要懂得勇敢地面对问题。

就像大英雄不能只会用盾牌，宝剑和盾牌都是一样重要的哦。

怪兽的腿本来像柱子一样敦实，可现在渐渐没了力气，跪倒在地上——他这才承认自己的盾牌对于他人来说是伤害他们的刀剑。

"你现在觉得你很了不起是吧？因为大家都怕你。"

欣理走到了跪在地上的怪兽面前，伸出手抚摩着他毛茸茸的肩膀。

"不过，你的外表越高大，你的内心就会变得越脆弱。不知道什么时候，真正的你就会消失，只剩下怪兽的身躯。"

听到欣理的话，怪兽顿悟地抬起了下巴。要用这个模样永远生活下去吗？怪兽看了看自己的双手。他看到的不是柔软白皙的手，而是被又黑又硬的皮肤覆盖的前掌。

"那，那还是不要了吧……"

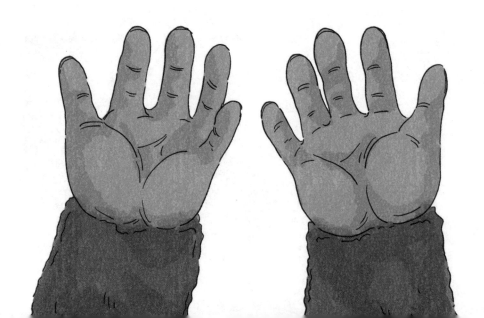

"那需要把你内心里的'岩浆'倒出来，趁真正的你还没有被熔化掉。"

我内心里的岩浆……怪兽只是想了一下，心里就开始变得急躁不安，连忙深深呼出一口气来。怪兽犹豫了好一会儿，才像蜘蛛吐丝一样，一点点慢慢地讲出了自己的心事。

"我的爸爸妈妈每天就知道说我，所以我才生气。我真的一直在认真努力，但他们总是拿我和小范比，说我做得还不够好……"

小范从怪兽口中听到自己的名字，惊得肩膀都抖了一下。

"……我的父母还让我像大壮那样勇敢呢。"

小范自言自语说道。他也明白被拿去和别的孩子作比较是什么感觉。虽然他没有说出来，但是他一直很羡慕大壮这个比较对象，也恨过自己没能像大壮那样。没想到大壮也会和自己作比较啊。想到这里，小范感觉到和大壮同病相怜，把眉毛耷拉成一个"八"字。怪兽回想起过去的这段时间发生的事情，说道：

"每次被父母批评的时候，都觉得自己是个废人。所以才想要对其他人发泄情绪，来体现我的存在感。"

　　只有在看到别人见到自己后害怕得发抖的时候，怪兽才觉得自己是强大的那一个。被父母批评得越凶就越是如此。别人越害怕他，他就越起劲，甚至用别人害怕的表情来安慰自己。

　　"可是……不应该是这样的。欺负朋友并不会让我开心。"

　　优越感像流星一样转瞬即逝，留给天空的仍然是黑漆漆的悲伤。

　　"从现在开始，我不会再这样了。"

　　要想从黑暗中逃离出来，需要的并不是那一瞬间的光。怪兽这才意识到，他需要的是能共同走过漫漫长夜的朋友，需要的是他们温暖的手，需要的是对太阳重新升起的期待。

　　这时，从怪兽的胸口射出了一道光，照得欣理和小范都忍不住眯起了眼睛。不知过了多久，那道光闪了一下就没了踪影，只见大壮的两只小脚轻盈地落到了地上。

　　"哦，怪兽又变回大壮了！"

小范好不容易睁开发酸的眼睛，看到大壮的样子后激动得喊了起来。大壮原来只有这么大吗？小范突然非常兴奋地跑过去，一把抱住了大壮。欣理站在旁边欣慰地看着他们，也张开了双臂，抱住了这两个人。

　　"我，真的要成为沉稳可靠的人。"

　　大壮在欣理和小范的怀抱里下定了决心。再也不会为了保护自己而去伤害别人。看到大壮轻松的表情，欣理爽朗地笑着，原地蹦了起来。

　　"我就知道大壮会做到的！"
　　"啊，可是……"

　　看到大壮又要认真地说些什么，欣理和小范的表情也变得严肃起来。难道他心里的岩浆又要开始沸腾了？还是说感觉又要变成怪兽了？

　　"到底怎么？！"

　　小范急得忍不住吼了一声。

　　"我们……迟到了！"

小范这才看了眼手表——不知什么时候手表的指针早就划过了上课的时间，而且还整整过了二十分钟。面如土色的欣理冲在最前面跑出了巷子。

小范跟在她的后面，喊着自己还没有回家拿忘带的东西。

"大壮，怎么还不跑？"
"啊？哦！等等我！"

听到小范的喊声，大壮这才醒过神，狂奔了起来。想到身边有信任自己的朋友，迟到一会儿好像也不是什么大事。不知道为什么，大壮总觉得怪兽还站在巷子口看着自己，他回头确认了好几遍——这可不能告诉其他小伙伴，要保密哦。

第五章

武明的故事

没有人气的我也
能当班长吗

孩子们正三五成群地进入校门。天气不知不觉凉了起来，穿着薄外套的老师冲学生们笑着挥了挥手。

"同学们，早上好。"

欣理气喘吁吁地爬着又高又陡的坡，心想：早上哪里好了，明明困得要死……就在她忘我地打哈欠的时候，突然察觉到后面好像有人正在盯着自己，连忙回过头。

"会是谁呢？"

路边有棵树沙沙地动了起来。这条路连接着马路和校门，小动物经常出现。可能是松鼠或者麻雀吧，不然就是小猫。可是那树叶动得也过于厉害了。

"欣理！待会儿能去咨询室找你玩吗？"
"啊？哦哦，当然，当然可以。"

心存疑虑的欣理正要走向那棵树的时候，一个很面熟的人和她搭话。原来是智英，她一有空就会到咨询室里玩。智英看起来一点都不困，瞪着本来就很大的眼睛，把昨晚从电视里看到的新闻，还有兴趣班里有趣的事情都一股脑地讲了出来。

"不过欣理，你刚刚一直在看什么呢？那儿有什么东西吗？"

智英发现欣理总是瞥向路边的树，忍不住问道。看来欣理始终对从那棵树发出的动静充满好奇。她支支吾吾地回答说什么也没有，心想可能是自己太困了所以产生了错觉。欣理好像感觉轻松了一些，急忙往教学楼赶了几步。

"真的好奇怪啊……"

欣理默念道。她努力想忘掉上学路上的事情，但怎么也做不到。这种奇怪的感觉一路跟到了教室里。同学们在聊天的时候欣理也在看书——可她没有办法集中精神，好像有什么东西一直盘旋在欣理的身后，时时刻刻提醒着她。她又感觉到有人在看她，但环顾四周后，也没能发现到底是谁在盯着自己。

"哎呀，偏偏前几天还看了那些书。"

欣理歪着头，想到几天前从书里看到的一则吓人的故事。讲的是有个人总是感觉有谁在盯着自己，后来才知道那是……

"咳，不会的。"

虽然欣理嘴上这样说，但是心里还是忘不掉这件事。上课的时候，课间休息的时候，甚至午休的时候欣理也都处在紧张的状态中。分明是有谁在盯着自己。欣理最终还是关上了咨询室的大门，迈着沉重的脚步穿过了操场——这是咨询室从开放到现在，第一次关门。

"欣理，你哪里不舒服吗？"
"啊？哦，没什么，路上小心。"
"嗯，你也是！明天见。"

欣理之前没有经历过这样的状况，心里早就乱成了一团。之前不管遇到什么事情，欣理都能坦然面对，但这次的情况和以前不太一样。这时，欣理突然有了一种熟悉的感觉。她抓住时机猛地一回头，看到一个黑影急匆匆地从人群中跑了出去。

"喂，你是谁啊！快站住！"

欣理凭直觉向那个黑影追了过去。那个黑影肯定就是折磨了我一整天的家伙。感觉马上就能揭晓谜底的欣理松了口气，脚下的步子迈得更大了。

"给我站住！你这个跟踪狂！"

眼前的人影变得越来越近。对方好像也发现欣理已经追上来了，赶忙躲进一个拐角处。欣理迅速换了方向，生怕把人跟丢了。不一会儿他们来到了操场对面的一个院子里。就在欣理的手将要碰到那家伙的肩膀时——

"啊！"

那家伙被一块石头绊了一下，直直地栽倒在地上。看到前面的人摔倒了，欣理连忙停下了脚步，喘着粗气，把手搭在了那家伙的肩膀上。

"是你吧？一整天跟踪我的人是你，没错吧？"

激动的欣理看到转过头来的正是武明的脸。安静得没有存在感的武明到底为什么要这样做？就在欣理百思不得其解的时候，武明把摔歪的眼镜扶正了。

"金武明？你跟着我干什么？"
"那个，这个吧……就是说，其实……"

欣理拉着支支吾吾的武明，来到了旁边的休息区，翻出口袋里的硬币在自动售货机上给他买了瓶水。武明接过水，调整了一下呼吸，好像精神了一些。

"也就是说，你想当班长是吧？"

在武明的支支吾吾里，欣理还是提炼出了重要的内容。武明点了点头，他的烦恼就是想当班长。他想问欣理当班长的方法，但没能鼓起勇气直接来问，就一直跟在欣理后面，寻找合适的机会。欣理悬了一整天的心这才放了下来。

"稀里糊涂地参加了竞选，但是想了想，好像没有信心能当选。学习不是第一名，朋友也不多，人气也不高……"

武明用鞋尖磕了磕地面。

他抱怨着自己选不上班长的各种原因。这么消极怎么行，欣理在心里嘀咕着。这时，武明一把抓住了欣理的手。

"欣理，你能不能告诉我当班长的办法啊？"

欣理听到这话皱起了眉头。虽然这段时间倾听了不少别人的烦恼，也提供了解决办法，但是"当班长的办法"这可是头一次被人询问。他该不会真以为我是什么问题终结者或是魔术师吧。欣理用怀疑的眼神看向了武明。

"我说，世界上哪有当班长的办法啊？"

"啊，别啊！你不是知道世界上所有的真理吗？那你一定也知道当班长的办法！求求你告诉我吧，好不好？"

武明用哀求的眼神看着欣理。如果不告诉他，他肯定不会就此罢休。欣理摇了摇头，表示自己无能为力。她也不知道如何才能成为班长。

不过，她倒是能告诉武明如何获得人心。看到欣理点了点头，武明兴奋地挥了挥拳头。

"有道是，知己知彼，百战不殆。看来要先了解一下对手。候选人还有谁来着？"

"又聪明、体育又厉害、人气也超高的梦琪，她可是我们学校的超级明星呢。"

武明的眼神从开始的充满希望慢慢暗淡下来。梦琪确实名声在外，连刚转学过来的欣理也听过很多遍。她身上没有缺点，不光受到同学们的喜欢，连家长和老师也都很喜欢梦琪。和梦琪竞争班长之位，也不怪武明有烦恼了。

"既然对方这么强……"

欣理沉思了好一会儿，说道：

"看来我们要用 underdog 弱者效应了。"
"俺的狗？"

武明扶了一下滑到鼻尖上的眼镜。欣理看懂了武明的表情，大笑起来。

"是支持弱者的心理。如果使用得当，那武明你也可以成为班长。"

听到欣理的话，武明的眼神突然亮了起来。我也能成为班长？武明心想，今天一整天都跟着欣理，真是跟对了！

金欣理的心理咨询室

弱者（underdog）效应是什么？

是指在竞争或对抗的情境中，人们愿意支持被认为是弱者的人，或是怜惜弱者的现象。武明真的能够赢梦琪吗？

很久很久以前，有斗狗场这种地方，在那里是可以观看公狗打架的，当然现在是被禁止的。在两只决斗的狗当中，人们把——

骑在上面处于优势的狗叫作优势狗；

汪汪

哼唧……

吼——

力气不够被压在地上的狗叫作劣势狗（underdog）。

有时候，人们会给毫无胜算的劣势狗加油。就像这样，人们把期待弱者胜利的心理叫作弱者效应。

还有人利用弱者效应成功当选了总统。那就是1948年参加美国总统大选的哈里·S.杜鲁门。

是我，杜鲁门。

第33任美国总统哈里·S.杜鲁门

当时，杜鲁门是当选概率最小的候选人。

支持率垫底

所以，没有人能想到杜鲁门
会成为总统。

选举结果都还没出来呢。

当然，杜鲁门自己也
这么觉得。

呜呜……是的，
我不可能的。

可到了选举当天，结果出现了反转。人们都向杜鲁门投了
同情票，因为大家一致认为他不可能当选总统。结果，杜
鲁门名正言顺地成为了美国第33任总统。

真正的赢家
就是我！

"打个比方的话，可以说人气高的梦琪是 topdog（优势狗），而武明你就是 underdog（劣势狗）。"

　　武明并没有很开心。要承认自己是"劣势狗"这一点对他来说多少有点残忍。不过，只要克服了这一点，武明觉得自己有信心参加这场战斗。特别是对于既没有人气又没有人脉的武明来说，没有比这更合适的策略了。

　　"不是说世界上没有当班长的办法吗，你是故意不告诉我的吧？"

　　委屈的欣理摊开手挥了起来。严格来说，弱者效应并不是当班长的办法，只是提高了成为班长的可能性罢了。欣理看到武明还没有开始竞选就成了泄了气的皮球，这才告诉他的。看来武明是误会了。

"这个弱者效应真不错！可以说这是万能的吧？比我厉害的人我也能一举击溃了。"

武明并没有明白欣理复杂的心情，只是呵呵地笑着。像是手中已经拿到了自己当选班长的最终结果。欣理把沉浸在假想中的武明一把拉了过来。

"我说，你千万不能把事情想得太好了，知道吗？"
"为什么！按你说的，我不光能当班长，还能当总统、当超级英雄呢！"

欣理给兴奋过头的武明递了一瓶药。武明用双手小心地接过来，看到装有透明液体的玻璃瓶上，贴着一张四四方方的纸。

"警告？"

武明一字一句地读起了用红色字体印上去的警告语，旁边还画着一个巨大的骷髅头。

"误用、滥用时可能会造成认知偏差。"

武明读了一遍又一遍，可还是没能读懂这句话。

"……这写的是什么意思？"

"意思是说，随便乱用的话，大脑会出故障的。"

"你说什么？"

吓人的内容和欣理平静的语气，让武明感到更加害怕，起了一身鸡皮疙瘩。喝了这瓶药，大脑就会出故障？武明用颤抖的手把药瓶转到另一面。

"就像这瓶药，弱者效应也有副作用。"

金欣理 的心理咨询室

无条件弱者效应是什么？

是指不受具体情境的影响，对弱者无条件地给予关怀和支持。比如认为弱者永远是好人、强者永远是坏人。

无条件的弱者效应，是弱者效应的一个副作用。换句话来说，就是无条件相信弱者是好人、强者是坏人。

比如，相信尚未成年的学生不会犯罪，

或者相信富豪的钱肯定是不义之财。

选秀节目里收获了人气的草根歌手，在变得家喻户晓后反而没了人气，也是因为无条件弱者效应在作怪。

当弱者变成强者后，人们不再认为这个人需要自己的支持。所以，人们会接着寻找下一个弱者。

虽然面对比自己弱小的人，我们不能视而不见，但是无条件相信对方是好人也是不对的。

是真好人，还是装好人，我们不能光看表面就做判断。

利用人们的同情心来达到犯罪目的的人也不在少数，所以更要注意哦。

"也就是说，支持我的人也会出现无条件弱者效应吗？绝对不可以！"

武明赶紧把手里的药瓶扔给了欣理。没有比这更吓人的副作用了。武明反而埋怨起欣理来，怪她没有早点告诉自己这个副作用。

"好了，要是没什么问题，我就先走了。"
"喂喂，你要去哪儿啊？"

就在武明纠结要不要使用弱者效应的时候，欣理猛地起了身。武明急忙拉住正要离开休息区的欣理。欣理虽然无奈，但还是乖乖地坐回了长椅上。

"明明副作用这么明显，可大家为什么还是会陷入弱者效应呢？"

武明还是有点不明白。光是这个学校，就多得是比自己聪明的人。要是把全世界的人都算上，那就更不计其数了。他们不应该不知道弱者效应的副作用，可他们明知道有风险，为什么还是要支持弱者呢？

“大家又不傻。”

“并不是因为大家傻。”

欣理像是看穿了武明的心思，和武明同时说出了这句话。武明期待着欣理能够继续解答自己的疑问，等待欣理作出回应的这段时间竟觉得如此漫长，仿佛等了好几个世纪。

金欣理 的心理咨询室

人们为什么会支持弱者？

主要是因为同情心、对公平和正义的追求，以及社会认同感。同情心让人们对弱者的困境产生共鸣，而对公平和正义的渴望驱使人们希望纠正不公。社会认同感使个体感到与弱者有一种联系，从而激发支持行为。此外，还受到期望管理、道德满足等因素的影响。

生活中人们会经历无数的失败和挫折。就像赛跑的时候或是考试的时候一样，我们并不总是会拿到第一名。

所以，相比于一直考第一名的人，或是一直领先的团队，人们往往会对失败的一方感到亲切。这与同情心、社会认同、威胁感减少等有关。

期望管理有时也是支持弱者的一种心理策略。假设我们在棒球比赛的现场，正在为经常获胜的队伍加油。

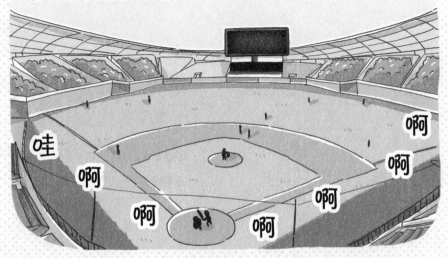

虽然获胜是令人激动的，但奖杯拿得多了，

也会让人渐渐失去兴奋感。

而且，要是落败了，失望也会被放大好几倍。

拿不了第一名，以后就别比赛了！

那么，相反的情况会是什么样的呢？被大家认为必输无疑的队伍，就算输了，人们也不会太失望。

好像又要输了。

但是，如果出乎大家的预料，一举赢得比赛，那人们会像中了大奖一样兴奋。所以，和支持强者相比，当我们支持弱者的时候，失望的概率会减小，而兴奋的概率会增大。所以，人们才会想要支持弱者。

此外，还可能是因为对"霸主"的羡慕和嫉妒。

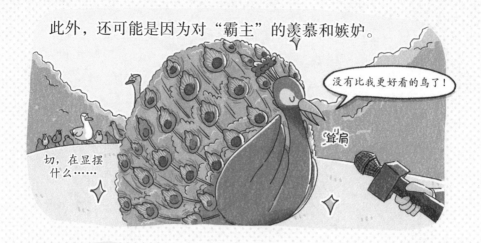

在德语里有"Schadenfreude"这个单词，意思是看到别人的不幸和痛苦时感到高兴的心理。

也就是我们常说的"幸灾乐祸"。

在看到自己嫉妒的对象遭受挫折的时候，与我们被夸奖的时候，大脑受到刺激的部位有一定的重叠区域。

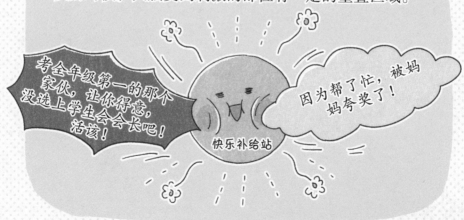

因为自己支持的弱者获胜而感到的开心，

与因为"霸主"落败而感到的开心，其实是同时存在的。

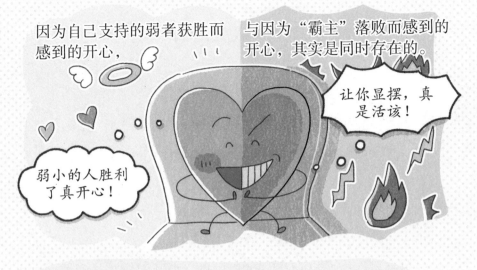

弱小的人胜利了真开心！

让你显摆，真是活该！

所以，因为各种各样复杂的理由，产生了愿意支持弱者的"弱者效应"。

"欣理，听完你说的，我现在好像知道一些了。"

"知道什么了？"

听完欣理的话，武明沉默了很久。看得出他的心情很复杂，眼中像是魔术师的魔球，闪烁着不同的色彩。

"我知道了，我想当班长是因为我嫉妒梦琪。"

武明掏出了自己真实的内心，像是从水井里捞出的木桶，原来上面满是青苔和水垢。脏兮兮的，还有一些陌生——但是心情却轻松了不少，这些天以来的心烦意乱一扫而光。

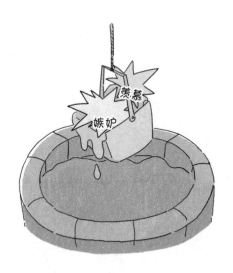

"我可能是太羡慕梦琪了。她既聪明，性格又好，朋友也多。虽然我可能不适合当班长，但只要是她做的事情，我都想模仿着去试一试。"

坦白了尘封已久的心事，并不会让"嫉妒"消失。不过，也足以让他从自卑的情绪和过分的野心中解脱出来，武明感觉自己的身体都变轻了不少。

　　"当不了班长好像也没什么大不了的，我觉察了自己的感受，就已经很开心了。"

　　欣理看到武明轻松地耸起了肩，伸出手拍了拍他。

　　"我说武明，你可真了不起。坦然面对自己的内心可不是件容易的事情呢，以后你会成为不错的大人哦！"

　　武明故意回了一句尖锐的话——因为在他坦白之后，不知怎的又觉得不好意思起来。说完这句话，武明不好意思的感觉好像消失了一些。一天坦白一次就够了。他在心里默默说道。

　　"你是在嘲笑我呢吧？"
　　"才不是！怎么夸你还不行了！"

　　欣理注意到了武明发烫的耳根，也同样回了一句调侃的话。天色渐渐暗成墨蓝，初秋的风轻轻吹过。

几天后……

欣理上完洗手间，穿过一条空荡荡的走廊。她路过一扇窗，看到里面正热火朝天地进行着班长选举。

"好，最后一票是……"

老师把手伸进投票箱，抓起一张折好的选票。大家敲着桌子期待最后的结果——那声音大到走廊里的欣理都堵上了耳朵。老师慢慢地打开了选票，看到上面写着熟悉的名字。

"梦琪！"

大家像是早就猜到了一样，齐刷刷地欢呼起来。梦琪有些不好意思，但还是随着掌声站上了讲台。

"我们班的班长就是梦琪了，来，大家鼓掌祝贺她！"
"今后我会努力当好班长的，谢谢大家信任我，支持我！"

梦琪带着像天使一样的笑容鞠了个躬。欣理把脸贴到玻璃上，此时她看到武明正站在黑板前面。

武明正和大家一起鼓着掌，比起失落感，脸上更多的是畅快感。

"真心恭喜你，梦琪。我就知道你会成为班长的。"

武明走到梦琪身边送上了祝福。没有羡慕，也没有嫉妒，有的是百分之百的真心。他伸出手想要和梦琪握个手，没想到梦琪一把拉过武明，抱住了他。

突如其来的拥抱让武明摸不着头脑。就在这时，梦琪笑盈盈地说：

"也恭喜你啊，副班长。"

我是听错了吗？武明眨了眨眼睛反问道。

"……副班长？"
"你不知道吗？投票排名第二的就是副班长啊。"

糟糕。武明之前被嫉妒蒙蔽了双眼，早就忘记这回事了。武明转头看了眼旁边的黑板，确实，自己的票数仅次于梦琪。

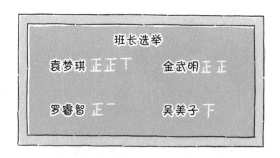

"我们以后一起加油吧，武明！"

梦琪兴奋得在原地蹦了起来。武明这才缓过神来，脸上露出轻松的笑容。我竟然是副班长。成了副班长的武明一点儿都不觉得遗憾。能有这么多朋友给自己投票，已经很开心了。他心想，这说不定也是对自己袒露心声的奖赏。

"嗯，梦琪，也请你多多关照！"

高兴的武明突然看向了窗户。走廊里空无一人，但武明知道欣理刚刚来过了。因为窗户玻璃上的一团哈气里，有人画上了一只可爱的小狗。

第六章

元鹏的
故事

什么？A型血的人
不都是小心眼吗

欣理陷入了烦恼当中，因为最近来咨询室的人寥寥无几。这可是从来都没有过的状况啊……欣理急得挠了挠头。

"前天没人，昨天也没人，今天还是没人！"

访客记录

欣理翻起了"金欣理的心理咨询室"的访客记录，上面密密麻麻地记着来过咨询室的人的名字。一个接一个的名字像一串串音符，不知道从什么时候起就戛然而止了。每天都会来的元鹏，在上周来过以后也没了消息。

"连回头客也没了……难不成有人在抹黑我的咨询室？"

想到这里，欣理的拳头重重地砸到了桌子上。要是没有什么流言蜚语，自己的咨询室不可能突然就没人来了。不过，谣言就是会最后一个传到当事人的耳朵里。所以就算有什么谣言，欣理也不容易发现。

"可千万别让我抓住！"

欣理确信没人光顾自己的咨询室是因为有不好的谣言，因为除了这一点，欣理想不到还有什么特别的理由。要是大家永远都不来了该怎么办？欣理独自关上了咨询室的门，叹了口气。要是一直这样下去，估计过不了几天就要关门大吉了。

"这可怎么办呢？"

尽管还是白天，可欣理感觉眼前一片黑暗。要是能知道谣言的源头，自己还能去辩解一下。心情复杂的欣理这次走的是后门。后门和正门不一样，没有小吃店、文具店、跆拳道馆，只有一排排公寓楼立在那里，所以街上没有一点儿热闹的气氛。

"……嗯？大家怎么都聚在那里了？"

今天不知怎么了，大家都聚到了后门前面的小巷子里。那里已经是人山人海了。低头看着自己的脚尖走路的欣理听到乱哄哄的声音后抬起了头。她看到人群中有几张熟悉的面孔——正是经常光顾咨询室的小伙伴们。

"来，我看看，下一个是谁呢？"
"我，我！"
"什么啊，是我先来的。"
"刚刚明明说到我了！"

欣理向前走了上去，看到一个席地而坐的老头。老头穿着干净整洁的衣服，正在抚摸着一个大玻璃球。听到老头的话，大家纷纷举起了手，甚至有人为了争抢名额开始推搡起来。

"来，就你了！"

就在一头雾水的欣理试图搞清状况的时候，老头指向了一个小孩。气喘吁吁地从人群中跑来的不是别人，正是之前三天两头来咨询室的元鹏。老头等他坐稳后，摊开了一副褪了色的塔罗牌。

"在这些牌里面挑两张，就两张。"

元鹏紧张地正要伸出手，突然被老头的扇子挡住了，看起来像是在索要什么。元鹏这才恍然大悟，连忙从裤子口袋里翻找着什么。胖胖的小手掏出来的是叠了好几折又展开的五块钱纸币。

"这可是我的零花钱呢……"

元鹏可是远近闻名的馋嘴猫。中午在食堂吃得饱饱的，可等到放学后还是要在路边买零食吃。朋友们好几次喊他去公园玩也都没有成功过。现在他居然把买零食的钱递给了那个老头。欣理揉了揉眼睛，不敢相信眼前发生的这一切。

"那我就收下了。"

老头开心地收下了元鹏手里的五块钱，放到了坐垫下面，这才收起了扇子。元鹏开始摸起了牌。他好像感受到了什么，凭感觉选了两张牌，递给了老头。

"咳咳，让我来看看……"

老头接过牌，皱起了眉头。元鹏看到如此严肃的表情，紧张地咽了咽口水。老头双眼紧闭，浑身颤抖。只见他突然瞪大眼睛，包括元鹏在内的孩子们都看向了老头。

"你看起来有点大大咧咧，但其实心思缜密，有点小心眼，但也喜欢打抱不平。是不是胃口很好，力气也大，但是受不了太热的天气。"

"啊，没……没错！"

元鹏捂住了嘴，不敢相信老头这般料事如神。看到老头如此"神通广大"，大家也都骚动了起来。

"你看，我就说他什么都知道吧！"
"哇，还真的是。"

没能挤进人群中的欣理看到这里，恍然大悟——原来大家不来咨询室的原因就在这里！可知道这些已经迟了一步。欣理不敢相信这样的现实，摇了摇头。不靠谱的算命先生竟然取代了咨询室。还不如真是有什么谣言，能让欣理更好受一些。

"那我们来抽个签吧。"

老头摇起了装有竹签的桶。里面的竹签一看就是用一次性筷子做的，也太敷衍了。

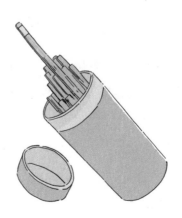

不明所以的孩子们跟着竹签晃起了头。就在他们快要晃晕的时候，老头从中抽出了一根签子。

"咳咳，这可是小凶，要小心水和人啊！"
"啊？水和人？要怎么做呢？"
"什么怎么做？按平时那样做就可以了。"

元鹏听到有声音从后面传了过来，便回了头，围在元鹏和老头周围的孩子们也看了过去。视线的尽头正是一脸不快的欣理。欣理怎么会在这儿？趁大家窃窃私语的时候，她拨开人群径直走了过来。

"看，这可是彻头彻尾的骗子啊，骗子。"

欣理拿起了立在坐垫前的牌子。那牌子看起来像是用旧纸板裁成的，上面用粗劣的字体写着"算啥都准。只要五元。"欣理哭笑不得地张大了嘴巴。

"说些理所当然的话就要收五块钱吗？还赚小孩子的钱，丢不丢人！"

"你是谁啊？快走开！"

面对欣理的冷嘲热讽，老头挥了挥扇子。现场变得一片混乱，元鹏的脸色变得难看极了——老头马上就要说出重要的信息了！想到不能白花这 5 块钱，赶忙拉住了欣理的胳膊。元鹏说什么都要听完老头的话。

"欣……欣理，别这样，是因为我不去咨询室才发火的吗？"

"什么？你在说什么呢？"

"那也不能跑这儿来诬蔑别人吧。现在正说到了关键的地方，大家也都在等着呢！"

欣理看了看四周，大家的眼神都在埋怨自己"妨碍"了精彩环节的上演。空气里没有一点感谢她或是欢迎她的味道。

"是啊，你别在这里捣乱，快离开吧！"

有了孩子们的撑腰，可恶的老头变得更加硬气了，甚至用扇子戳了戳欣理的肩膀。

"不知天高地厚的家伙，不是让你快点走吗？识趣的话就快点走开。"

老头说完抖了抖衣服，坐回了原处。看来他还想接着给人算一算。要是坐视不管，接下来会有更多小朋友上当受骗。眼下，欣理更担心的是她的小伙伴们，咨询室关门的事情好像也没那么重要了。

"什么神通广大，不过是小把戏罢了！"

欣理用足了力气，一字一句说道。大家又开始骚动起来。小把戏？刚刚还趾高气扬的老头的表情变得复杂起来。

"什么意思？刚刚算出来的这些都是假的吗？"

元鹏抓住欣理的肩膀晃了起来，不敢相信自己上当受骗了。

欣理看了看元鹏，又环视一圈周围的人，接着用毅然决然的语气逐字逐句地说道：

"这个老头就是个骗子，他要的只不过是巴纳姆效应的把戏罢了。"

金欣理的心理咨询室

巴纳姆效应是什么？

是指人们倾向于将含糊、泛泛而谈的描述，认为是准确地针对自己的现象。这也是很多人相信算命、心理测试或占星术的原因，这些结果往往模糊且通用。

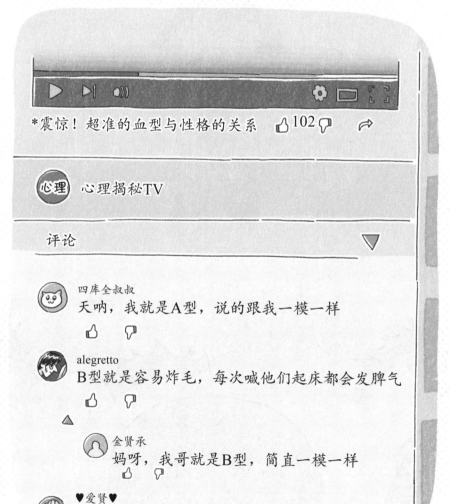

*震惊！超准的血型与性格的关系　　👍102👎　　↗

心理　心理揭秘TV

评论　　　　　　　　　　　　　　　　▽

四库全叔叔
天呐，我就是A型，说的跟我一模一样
👍　👎

alegretto
B型就是容易炸毛，每次喊他们起床都会发脾气
👍　👎

▲

金贤承
妈呀，我哥就是B型，简直一模一样
👍　👎

♥爱贤♥
AB型确实特立独行哈哈，也不知道是真的特别还是假装特别

比如，说A型过于小心谨慎。

明明按了下车铃，怎么不停车呢？

认为O型活泼好动。

好有趣啊！！！

蹦 跳！

说B型爱生气。

回头

没……没看你啊……

看什么呢！

说AB型就是有个性。这些话应该都听到过吧？

回答我吧，外星人，哔哔，哔哔。

AB

"血型性格"其实也是巴纳姆效应带来的错觉之一，故意用一些模糊普遍的词语，让大家觉得描述的就是自己本人。

啊，没错！我就是这样！

所以，不管强调什么，都只会觉得和自己很像。

虽然看起来准到离谱，但其实是因为描述的内容过于笼统模糊，让我们下意识地把自己代入进去。所以，类似的内容我们不能完全相信和接受哦。

老头直勾勾地盯着欣理。欣理才不管他，从老头身边捡起了一块布。

"刚刚这个人应该是这样说的吧？"

欣理把布盖到自己的头上，弯着腰清了清嗓子，再收起下巴学老头做出了吓人的表情。

"你平时比较安静，但是和朋友们在一起又会很活泼，性格单纯，不喜欢做重复性的事情。"

欣理学起老头来简直一模一样，大家笑得肚子都疼了。额头上的皱纹和耷拉的眼角，可以说是如出一辙。等大家笑得差不多了，欣理听到好几句"我好像也听过这段话呢"，看来被这个骗子骗到的孩子可不止一两个。

"小屁孩怎么还学会了说谎！"

看到大家都动摇了，老头凶狠地冲到欣理面前。眼看又有一个上钩的，可没想到竹篮打水一场空，就要白忙活了。老头扇着扇子，像赶鸭子一样追着欣理。欣理则在人群中东拐西拐躲着他。

"给我站住！巴纳姆还是巴旦木，都是编出来的吧？"
"哼，才不是编出来的呢！"

欣理冲着被揭露了真面目的老头吐了吐舌头。老头又羞又恼，气得直跺脚。这时，欣理看到有人探出了小脑袋。

"巴纳姆是什么意思？"

原来是因为得知受骗而后悔不已的元鹏。欣理回头看了眼老头，他正用胳膊撑着膝盖，上气不接下气地喘着。都说拳怕少壮，老头甚至摆了摆手表示不追了。欣理指了指老头说：

"巴纳姆是个人名，也是个骗子，和那个老头一样。"

金欣理的心理咨询室

巴纳姆效应是怎么来的?

巴纳姆效应是用19世纪美国的马戏团表演者菲尼亚斯·泰勒·巴纳姆的名字命名的。而福勒用实验证明了巴纳姆效应,所以这种效应也叫作福勒效应。

巴纳姆效应中的"巴纳姆"是人的名字。在19世纪,他经营着一家马戏团。

在他的马戏团里,不光有蛇、狗、猴子之类的动物,还有身高特别高的和特别矮的人。

他靠给观众展示难得一见的马戏，收获了巨大的成功。不管是什么新奇的东西，他都会用到马戏表演里，曾经轰动一时。

而现在，他被称作"最大的骗子"。因为为了赚钱，他不仅歧视其他种族，还虐待动物，手段残忍。

他甚至还会欺骗观众。为了赢得观众的掌声，还会假装了解对方的性格。

天啊，是……是这样的……

看起来容易害羞，可实际上是个假小子。

观众们以为他有特异功能，

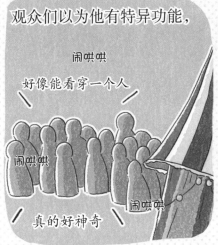

闹哄哄

好像能看穿一个人

闹哄哄

真的好神奇

闹哄哄

其实是利用"巴纳姆效应"欺骗了观众而已。

这帮笨蛋

1948年，心理学家伯特伦·福勒在一个实验中观察到了巴纳姆效应。

福勒

福勒在自己的课上带着学生们进行了一项实验。让大家做性格测试，并统计学生们对测试结果的满意度，也就是统计测试结果和自己真实性格具体符不符合。

现在我们要做一项实验。

测试结束后拿到结果的学生们表示非常意外。

乱哄哄

天啊！怎么会这样！这不就是我吗？

我也是！

乱哄哄

那么，福勒教授是如何猜对学生们的性格的呢？

其实，福勒给大家分发的是同样的测试结果，上面写的是只要是正常人都可能会满足的内容。而学生们看到这些模糊且普遍适用的结果，会感到"和我的性格一模一样"。

这也证明了"巴纳姆效应"是真实存在的。

最初这个效应被称为福勒效应，后来才被人们与巴纳姆联系起来。

福勒效应

听完欣理的解释，元鹏走到老头面前，伸出了手。

"把我的钱还给我吧。"

听到这句大胆的话，老头干笑了一声。都是因为那个叫欣理的家伙，刚刚还对他言听计从的小孩儿现在都敢顶撞自己了。他皱了皱眉，抱着侥幸的心理反问了一句：

"还你什么？"
"还我钱。还说自己神通广大，这不就是骗人吗！所以，快把钱还给我！"

听到元鹏起了头，其他人也都一起喊着让老头退钱。老头不情愿地哼了一声，摇摇晃晃地走到坐垫旁边，一把拿起藏在坐垫下的钱包，紧紧揣进了怀里，脸上满是贪欲。

"那可不行，绝对不行！我又没犯什么错，错的是你们。要怪就怪你们太笨了！"

老头居然倒打一耙。
欣理伸出双臂挡在了最前面。

"才不是因为我们笨呢！"

她挺起胸膛，看起来特别可靠。老头不耐烦地用手朝空气挥了挥——应该是在追欣理的时候把扇子弄丢了。

　　"怎么又是你？"
　　"您好像没搞清楚一些事情。"
　　"这回又是什么？"

　　老头勃然大怒。欣理指了指自己的脑袋，说：

　　"不是因为我们笨，而是因为这里面的生存本能。"

　　听到欣理的话，大家都惊得围了过来，开始对欣理进行猛烈的追问，把老头晾在了一边。

　　"等……等一下，你是说生存本能吗？"
　　"也就是说，我们只能继续被骗是吗？"
　　"之前的损失还不一定够是吗？"

　　面对连环炮一样的问题，欣理摇了摇头。

　　"不，并不是。只要努力就能克服。"

金欣理的心理咨询室

如何避免确认偏见？

　　确认偏见就像是戴着有色眼镜看世界，让你更容易看到你想看到的东西，而不是客观地看待所有信息。为了避免出现这种现象，我们也要听一听不同的意见，要学会批判性地思考。

我们生活的世界里有许多信息。我们的大脑负责筛选这些信息，决定哪些是重要的，哪些是可以忽略的。这个过程有点像过滤器，但这个过滤器并不完美。

那么，大脑是如何过滤信息的呢？

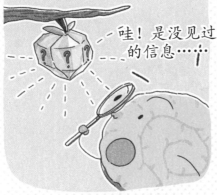

哇！是没见过的信息……

这就要看我们内心的预期和偏好或是愿望了。

让我来看看！偏好指南

然而大脑并不是故意欺骗我们的，而是因为这样做可以让我们感觉更舒适，更有安全感。

世界都在围着我转！

所以，如果我们接收到的信息是模糊笼统的或是积极正面的内容，

幸运将伴随你

天啊！

我们会更容易接受，

今天会好运爆棚哦！

误以为这是对自己有利的重要信息。

就算是学者和专家，也很难摆脱这种"大脑的确认偏见"。这是人类无意识表现出来的特征之一，是一种自然的心理倾向。

不过，只要我们认识到自己的确认偏见，

并为了摆脱确认偏见而努力，那么就会减小陷入错觉的概率。

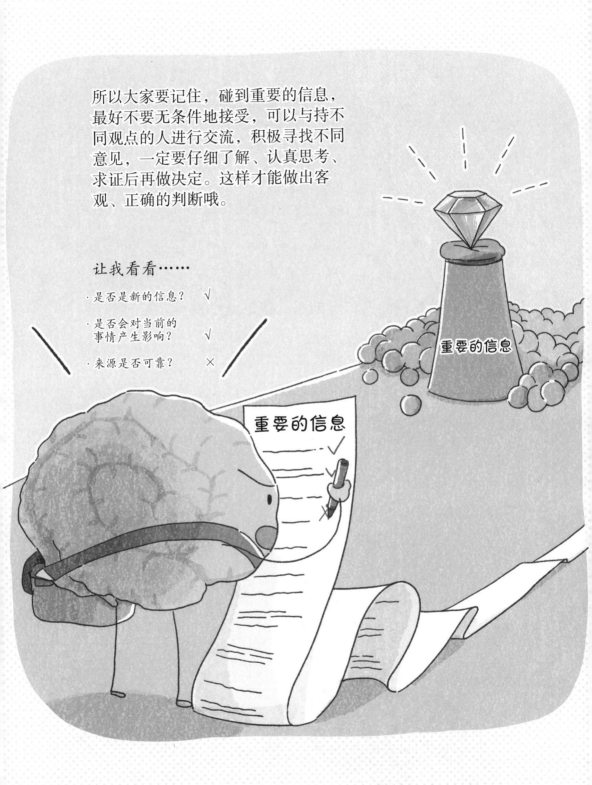

所以大家要记住，碰到重要的信息，最好不要无条件地接受，可以与持不同观点的人进行交流，积极寻找不同意见，一定要仔细了解、认真思考、求证后再做决定。这样才能做出客观、正确的判断哦。

让我看看……

· 是否是新的信息？ √

· 是否会对当前的事情产生影响？ √

· 来源是否可靠？ ×

重要的信息

重要的信息

就在欣理给大家解释的时候，一边的老头偷偷地站了起来。他手里还紧紧地攥着钱包，不想被人抢了去。为了不被人发现，老头弯着腰一点一点地向大马路挪动脚步。

"早知道就听欣理的话了！"
"就是，白白被骗去了零花钱。"

大家噘着嘴，你一句我一句地表示十分后悔。欣理微笑着，对抱有歉意的朋友们说着"没关系"。事实也是如此，他们被骗并不是他们自己的错，错的是那些利用心理作用来欺骗他们的可恶的人。

"那以后要常来咨询室玩哦，知道了吗？"
"嗯，可是那个老头……"

就在欣理和小伙伴们一个一个拉钩的时候，有个孩子喊了一句。大家四处寻找着，刚才还倒在地上的老头不见了踪影。这时，元鹏指了指巷子的尽头……

"在那儿！他要跑！"

"啊哈哈！小家伙们，再见了！"

老头已经跑出了好远。大家吃了一惊，赶忙追了上去。那速度真是飞快。

"还我 5 块钱！"

元鹏也追上了人群，不停地喊着。老头和孩子们你追我赶，穿过了小巷。

"喂，我说！说好了都要来咨询室哦！听到了吗？

欣理望着大家跑得越来越远，大声喊道。那个老头偏偏在这时候逃跑，只剩下欣理的声音在风中飘荡。

"咳咳，咳咳。哎呀我的嗓子，好像说太多话了……"

迎面吹来一阵冷风，欣理感觉嗓子有些发痒。白天越来越短了。欣理把手深深地揣进了口袋，指尖摸到了冰凉又坚硬的咨询室钥匙。等到漫漫长夜过去，太阳重新升起的时候，咨询室又能重新开门了。想到这里，欣理不由得兴奋起来。

"啊，快点到明天吧！"

欣理朝着天空伸了个懒腰，看见东边的月亮和西边的太阳，朝前赶了两步。看来今天要过得比往常更快些呢。